「我對自己有自信。」

你能夠抬頭挺胸地說出這句話嗎？

至少18歲之前的我是說不出這麼了不起的話的。那時的我交不到女朋友，總是因在意旁人的目光而消沉不已，只能想辦法靠著天生的開朗性格生活下去，對自己的心結視而不見。

而且不管是考試、接受面試，還是跟女孩子說話，我也都因為缺乏自信，總是緊張得要命，再不然就是一味地逃避。在這些情況下，有自信是非常重要的事，可是我沒有那份自信。

不過在某個假日，我請父親買了一件二手的騎士外套給我。

我也不清楚自己那時候為什麼會那麼想要那件騎士外套，拚命纏著父親要他買給我。而他買給我的那份興奮感，讓我開始著手打造自己。

這件騎士外套要搭配什麼來穿才會顯得帥氣呢？儘管最初只是一些小小的變

化，但在我注意到某個法則後，周遭的反應便明顯地有了改變。我也自然而然地對自己越來越有自信，彷彿變成了完全不一樣的人。

在那之後經過了好些日子，現在很感謝大家的支持，我成了日本首屈一指的男性時尚穿搭達人，將我的穿搭知識和改善生活的方式傳達給150萬人的追蹤者，YouTube上的合計觀看次數也突破了1億7千萬次。

過去對於自己來說「不知道的事情和不清楚的狀況」，現在卻多虧了「某個時尚法則」，讓我有了連自己都大吃一驚的巨大改變。

這話雖然說得有些突然，但大家知道流行時尚有多大的力量嗎？

開始注意流行時尚後，便會改變人生、改變環境、改變自己。沒錯，流行時尚是最輕易能夠改變自己給人印象的方法，對於人生而言是非常強力的工具。

可是實際上身邊也沒有能夠指導你流行時尚的老師，朋友或親人也不會告訴你關於穿搭的正確答案，我想大多數的人都只能憑著毫無根據、與生俱來的感覺來選購衣服吧。

很可悲的，即使已有研究結果顯示人的印象幾乎都是靠外表來判斷的也毫無改變……

雖然這麼說，但也沒必要因此放棄。

實際上要聽到別人稱讚你「穿得很好看耶」，需要的不是感覺，只要在某種程度上「配合穿搭法則選擇要搭配的單品」就可以了。只要去實踐這個作法，無論是誰都能夠減輕自己心中的各種心結。

本書中將會盡可能地以淺顯易懂的方式來介紹那個穿搭法則。

首先要請各位放下覺得流行時尚很難的迷思，注意到只要自己有心，想要改變多少都辦得到這件事。

而我將會利用本書來全力支援各位。書中也介紹了許多UNIQLO和GU的單品，應該在什麼時候添購什麼東西才好之類的事情也都記載在本書裡。

儘管我多少有些改變了，不過只要有人能夠變得幸福，我自己也會感到幸福。

我在這6年間持續發表的關於流行時尚須知的究極完全版全都凝聚在本書中。

此外本書中，不僅文字也刊載了許多穿搭照片。我的身高是175公分，幾乎所有上衣和外套都是買M尺寸的，褲子則是穿S尺寸，還請大家閱讀時連同尺寸感一起作為參考。

（請165公分的人想像小一號的尺寸，180公分的人想像大一號的尺寸來看。）

只有一個人也好，要是能夠藉由本書讓更多人因為流行時尚而遇上使人生產生巨大變化的機會，那就再好不過了。

時尚穿搭達人YouTuber Genji

CONTENTS

CHAPTER1

key

會被九成的人稱讚的唯一訣竅

目次 CONTENTS

CHAPTER4

season

不用再煩惱這個季節該穿什麼才好

CHAPTER5

color

能夠讓人顯得帥氣的顏色是固定的

CHAPTER 6
accessory

用配件來展現出連細節都有注意到的感覺

CHAPTER 7
originality

利用「微個性」來增添個人特色，更進一步地享受時尚

CHAPTER 8

age

以適合自己年齡的衣服來享受穿搭的樂趣

本書中刊載的服飾用品均為作者私人物品，部分物品目前已無法於市面上購得。敬請見諒。

STAFF
設計 佐藤ジョウタ（iroiroinc.）
攝影 山仲竜也（人物）
金山大成、渡邊茉那実（服飾單品）
協力 田中春香
DTP 小川卓也（木蔭屋）

CHAPTER 1

key

會被九成的人稱讚的唯一訣竅

會被人稱讚時尚的穿搭法則

我在思考該如何搭配時，會留意的重點就是「協調（中和）」。只要造型「協調（中和）」，就能讓世界上大部分的人認為「那個人很時尚」！

那麼所謂的「協調（中和）」到底是什麼呢？接下來我將為各位說明。（絕對跟化學實驗的中和無關，請大家放心。）

我們平常穿在身上的服飾有「帥氣風的單品」和「休閒風的單品」。我自己的穿搭造型會以介於帥氣與休閒之間為目標，這就是協調。

要說明為什麼介於兩者之間比較好的話，首先是如果都以休閒風的單品來搭配，會有種裝年輕的感覺，很難展現出成熟感。

相對的，要是都用帥氣風的單品來搭配，又會顯得「太做作」。也會給人「好像很輕浮」的印象。

也就是說不管太休閒還是太帥氣都不行。

可是如果不單只用休閒風或帥氣風，將兩者混合搭配的話，就不會受長相或身材的好壞影響，可以輕鬆地決定好穿搭造型。

我的時尚穿搭，理想就是休閒風與帥氣風的比率差不多恰好各佔一半。

只要在搭配時能夠注意到這一點，無論是誰都能輕易打造出會被人稱讚時尚的造型。

在這一章中，我打算先將時尚的第一步，以介於帥氣風與休閒風之間為目標的基礎概念傳授給大家。

以介於帥氣風與休閒風之間為目標，
所謂的「協調」正是時尚的訣竅。

2

所謂協調的穿搭是指？

所謂的協調「＝上衣、褲子、鞋子、包包等身上所有的配件，不要全都選擇休閒風，或是全都選擇帥氣風的單品」，這正是統整穿搭造型的訣竅。

也就是說，只要去了解市面上的單品「該歸類為休閒風還是帥氣風」就可以了。用來區分的重點是以下三點！

- 單品的種類
- 單品的顏色
- 單品的輪廓

注意這三點，以此去判斷自己現有或打算要買的單品是休閒風還是帥氣風。然後不要只穿其中一種在身上，讓兩種風格的比例接近50：50。只要能做到這點，就能輕鬆的做出協調的造型！

協調的穿搭造型

由於牛仔外套屬於休閒風，所以用黑色窄管褲和皮鞋這種帥氣風的單品來做搭配，打造出協調的造型。因為外套比較寬鬆，不讓袖子直接垂下，稍微反折露出手腕，藉此帶出乾淨俐落感也是使造型顯得協調的技巧。

Jacket / OUR LEGACY
T-shirt / United Athle
Pants / LIDNM
Shoes / Dr.Martens
Accessory / zZz (腰)

3 判斷單品是休閒風還是帥氣風

那麼首先，第一個重點就是從單品的種類來判斷。因為服飾配件這些東西，本身就具有「這是休閒風」或是「這是帥氣風」的基本印象在。

● 休閒風→方便活動、好穿、穿起來很舒適的單品

例如休閒鞋、棒球帽、T恤、短褲、牛仔褲、運動夾克、大學T、後背包、涼鞋、帽T、類似G-SHOCK那種錶面較大的手錶，這些就屬於休閒風單品。

● 帥氣風→要穿會覺得有點麻煩、整天穿著會有些不自在的單品

例如西裝外套、紳士帽、襯衫、眼鏡、黑色窄管褲、皮鞋、西裝褲、設計簡約的手錶，這些就屬於帥氣風單品。

不要都選擇印象相似的單品，而要採用印象不同的東西來做穿搭，以搭配出位於兩種風格中間的造型為目標。

休閒風的單品
帽T
運動褲
後背包
G-SHOCK
牛仔褲
休閒鞋
THE NORTH FACE
adidas

帥氣風的單品
襯衫
皮鞋
黑色細皮帶
西裝外套
皮革包
手錶
飾品
黑、白色的襪子
黑色窄管褲

4 注意單品的特性做出協調的搭配

比方說想以針織衫和休閒鞋來做搭配。

這時只要往「以單品的種類來說，針織衫和休閒鞋兩者都是輕鬆休閒風的東西，既然這樣，其他部分加點帥氣風的單品進來吧！」這個方向思考就對了。

這時再更進一步地想「要是褲子選搭牛仔褲，就全身都是休閒風了，那就選西裝褲吧！」這樣由上到下就成了休閒、帥氣、休閒的組合，協調的穿搭造型也就完成了。

世界上休閒風的單品數量比較多呢。比起皮鞋，休閒鞋有更多的款式和種類。

也因為這樣，回過神來才會發現穿搭時很容易全身都是休閒風的單品，還請大家務必留意要將帥氣風單品納入造型中。

用單品搭配出協調的穿搭造型

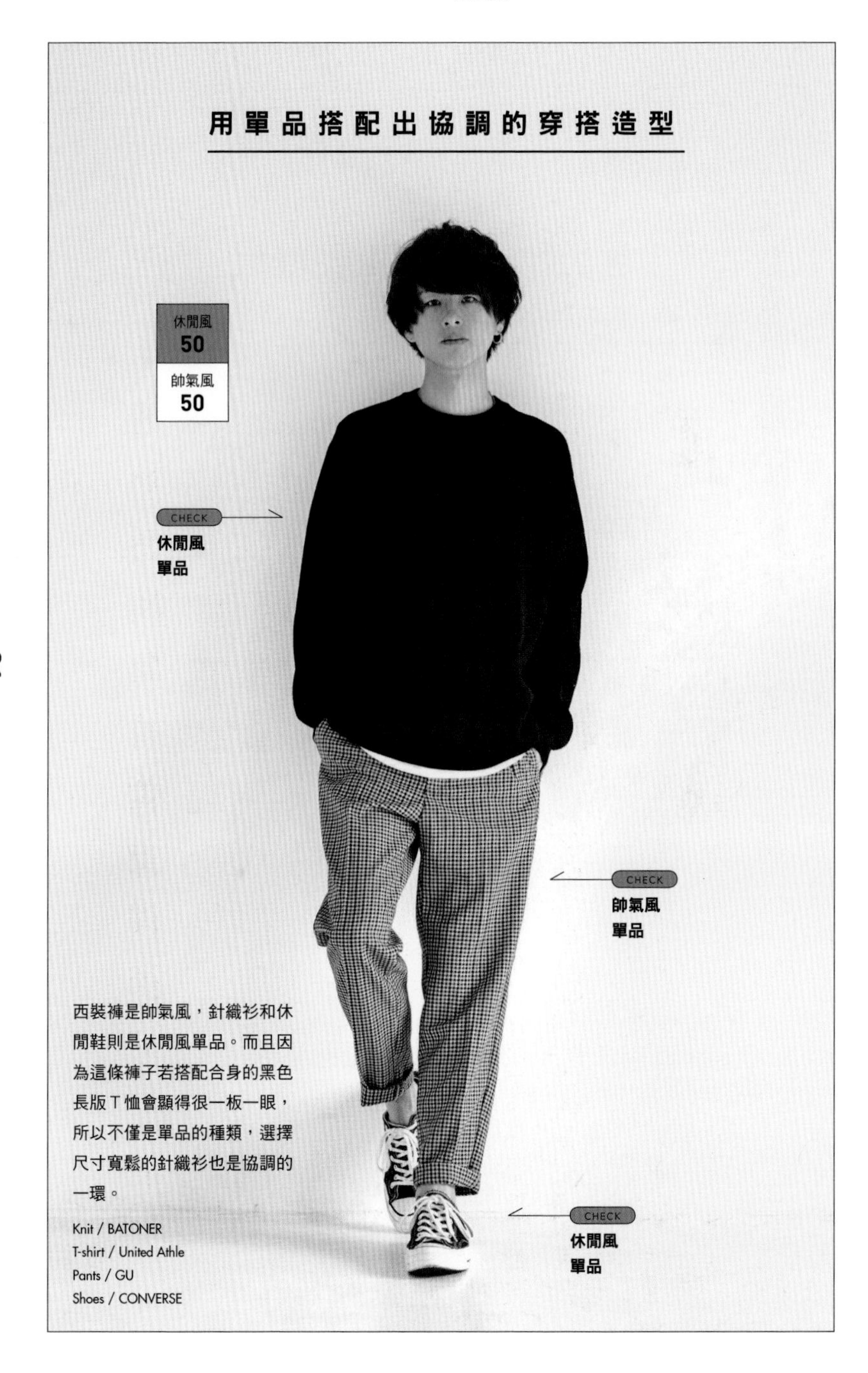

西裝褲是帥氣風，針織衫和休閒鞋則是休閒風單品。而且因為這條褲子若搭配合身的黑色長版T恤會顯得很一板一眼，所以不僅是單品的種類，選擇尺寸寬鬆的針織衫也是協調的一環。

Knit / BATONER
T-shirt / United Athle
Pants / GU
Shoes / CONVERSE

5

能營造出帥氣感的顏色與能帶出休閒感的顏色

第二個重點是顏色。和某人見面時，第一眼看見的想必是衣服的顏色吧。所以人很容易會用顏色來判斷休閒風或帥氣風。

所謂能帶出休閒感的顏色，就是明亮的顏色、純色、螢光色等鮮豔的顏色。比方說紅、藍、綠、橘等色彩強烈的顏色。此外格紋或帶有圖樣的單品也算是休閒風。所以簡單來說就是：

- 休閒風↓「色彩鮮豔」、「有圖樣」

至於能營造出帥氣感的顏色，總之就是白色跟黑色。基本上這就是全部了。除此之外就是淺米色或深藍色一類的。統整起來就是：

- 帥氣風↓「無彩色系（黑白灰）」、「沉穩的顏色」

由於服裝顏色是在較遠距離外也會被清楚看見的要素，穿搭時還請務必注意。

休閒風的顏色

帥氣風的顏色

6 調和色彩

比方說今天想穿亮橘色的大學T。大學T本身就是休閒風的單品，顏色也是休閒風。是一件徹底走休閒路線的上衣。這樣一來很容易會去選搭牛仔褲或休閒鞋等休閒風的單品，使整個人都散發出休閒的印象。但是正因為上衣完全走休閒路線，其他部分更該用帥氣風的單品來做調和！

這時可以試著選搭單品的種類和顏色都屬於帥氣風的黑色緊身褲和皮鞋。利用黑色這個帥氣風的顏色，讓整體造型在視覺上移往休閒和帥氣的中間位置。

順帶一提，P21的穿搭造型中，上衣和鞋子是帥氣的無彩色系，褲子則是休閒的格紋。雖然以單品種類來說風格正好相反，但光看顏色仍是一個協調的造型。

用顏色搭配出協調的穿搭造型

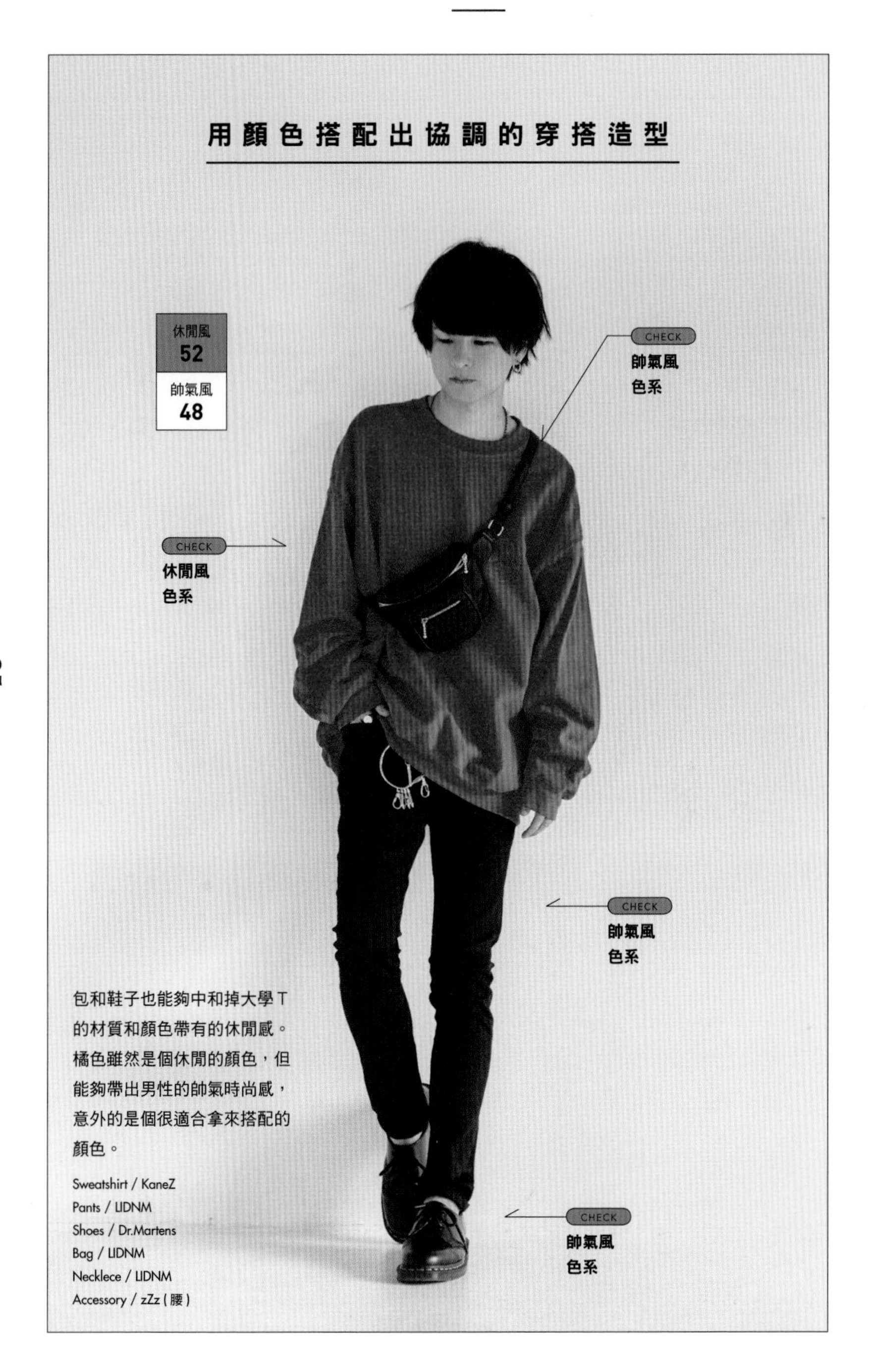

包和鞋子也能夠中和掉大學T的材質和顏色帶有的休閒感。橘色雖然是個休閒的顏色，但能夠帶出男性的帥氣時尚感，意外的是個很適合拿來搭配的顏色。

Sweatshirt / KaneZ
Pants / LIDNM
Shoes / Dr.Martens
Bag / LIDNM
Necklece / LIDNM
Accessory / zZz (腰)

7 用輪廓來改變形象

最後，第三個重點是輪廓，也就是單品的版型。

休閒風的輪廓會給人較大、較粗獷的印象，版型上強調鬆垮感。也就是穿上時比較看不出體型，如下列說明的單品：

● 休閒風↓「版型較大的單品」、「具鬆垮感的單品」

而帥氣風的輪廓就是直線條，也就是版型上強調縱長線條，比較合身的單品。穿著時比較看得出體型，如下列說明的單品：

● 帥氣風↓「筆挺合身的單品」

和顏色相比，輪廓被人注意到的情況或許不多，然而輪廓是讓造型是否顯得時尚的重要關鍵。關於輪廓，會在CHAPTER2中做更詳盡的說明。

[關鍵字]

- 鬆垮
- 不合身
- 較大
- 大尺碼
- 寬版

休閒風的輪廓

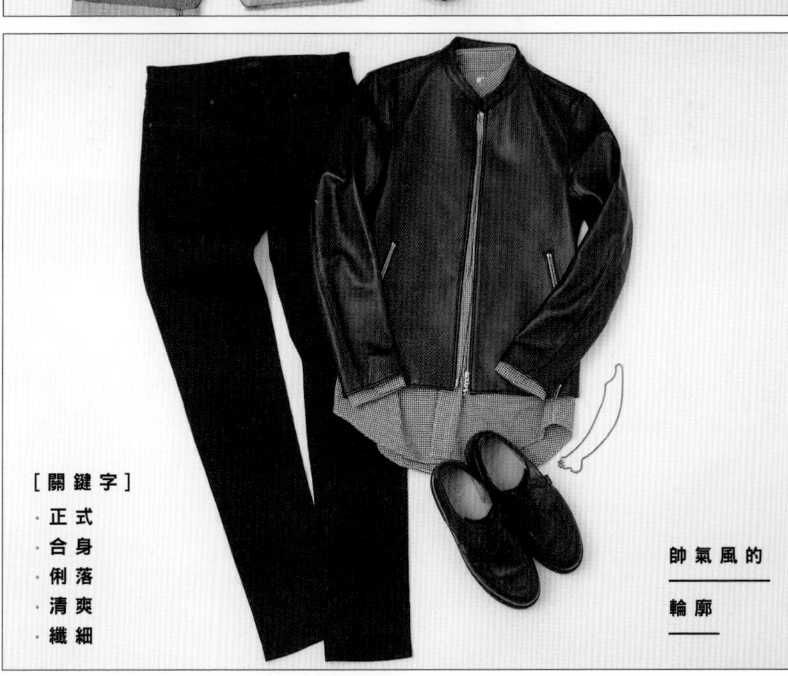

[關鍵字]

- 正式
- 合身
- 俐落
- 清爽
- 纖細

帥氣風的輪廓

8 以輪廓來做協調的搭配

假設以白T恤搭配寬褲，由於T恤的輪廓寬鬆，寬褲也是較不合身的版型。也就是說上下半身都鬆垮垮的。因為T恤本身就是休閒風的單品，會使得整體造型的休閒感過於強烈。

這時只要把白T恤紮進褲子裡，強調具有帥氣感的直線條，就能把偏向休閒風的造型往帥氣的方向拉回來，打造出平衡感恰到好處的協調造型！

我想很多人對於把衣服紮進去這件事，都有著上班族把襯衫紮進西裝褲裡那種正經八百的印象。所以要把衣服紮進去時，為了讓人一看就知道這是基於時尚才紮的，選擇寬版的上衣，以及利用配件和顏色帶出玩心是穿搭時的重點。

用輪廓搭配出協調的穿搭造型

休閒風
50

帥氣風
50

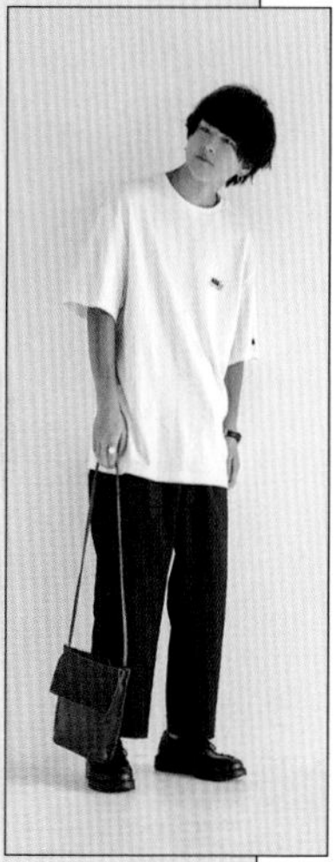

CHECK
休閒風的輪廓

CHECK
上衣紮進去帶出帥氣感

CHECK
休閒風的輪廓

把衣服紮進去的時候，上下半身的比例以上半身１：下半身２是最為理想的。所以褲子要穿得相當高，以皮帶固定在約肚臍上方的位置，會顯得更時尚！腳下再利用皮鞋來補足這個造型的帥氣感。

T-shirt / Adererror
Pants / LIDNM
Shoes / KLEMAN
Bag / SLOW
Accessory / zZz（腰）
Watch / LOBOR

9

帥氣感和休閒感的比例

到這裡為止，針對結合休閒風和帥氣風單品，以兩種風格的中間為目標的「協調」做了一連串的說明。不過大家或許會覺得這兩者之間的比例很難掌握吧。

我雖然建議休閒風和帥氣風的比例最好是50：50，但也不用太過講究。如果幾乎全是休閒風，就會像左頁的範例那樣，造型顯得亂七八糟沒有整體感，看起來很俗氣。但全都用帥氣風的單品，又會顯得太做作，給人「你接下來是要去牛郎店上班了嗎？」的印象。

儘管時尚的定義因人而異，但只要遵守大約接近50：50的「協調」法則，就會得到多數人的稱讚。不過只有這個法則還不夠完整，我會在本書中將其他在流行穿搭上必須注意的重點接連傳授給大家。

好的範例	不好的範例

顏色、單品都十分協調的穿搭造型。可從外套下窺見些許橘色這點使得造型顯得時尚又帥氣。

Jacket / GU　T-shirt / UNIQLO
Pants / LIDNM　Socks / UNIQLO　Shoes / Dr.Martens
Bag / LIDNM

太過休閒

格紋、花樣、幾何圖案，而且顏色種類太多，整體絲毫沒有乾淨俐落的感覺，成了過於奇特的穿搭造型。

太過做作

在舞台上穿這樣或許無所謂，但只是想輕鬆地出個門時，這樣的造型顯得太過做作，給人自我陶醉的印象。

COLUMN 1

想變得時尚，實際上最重要的事情

這話問得有些突然，不過各位家裡有全身鏡嗎？

想要磨練自己的穿搭技巧，最重要的其實就是全身鏡！光是放一個在自己的房間裡就有超多優點。各位是不是太小看全身鏡了呢？

那麼以下將為各位說明全身鏡的優點。

● 可以客觀地檢視自己

只要有全身鏡，就可以在穿上衣服後，自己確認自己的輪廓線。不善穿搭的人的共通點就是只會單獨去看每一件衣服。要是沒有全身鏡，就很難去判斷衣服搭配穿起來的效果如何。

●可以留下照片紀錄

「能夠利用各式各樣的衣服反覆穿搭」會間接地讓人認為這個人很時尚。要是沒有全身鏡，就只能在腦中想像自己擁有的單品可以做出怎樣的穿搭，能夠搭配出的造型也會因此受限。就算不是要穿給誰看，也請在有空的時候用手機將全身鏡中倒映出的自己拍下來，將照片留在手機相簿裡。這樣一來穿搭造型也會逐漸增加。

●時尚穿搭會變得更有趣

能讓人覺得「自己居然能夠改變這麼多」、「這個造型好像不錯耶」也是全身鏡的優點之一。不僅會對自己產生自信，有時也可以發表到ＳＮＳ上，藉此展開新的交流。人生一定會變得比現在更有趣的。

沒有全身鏡的人請務必在家裡準備一個。
時尚穿搭這件事將會變得截然不同！

CHAPTER 2

silhouette

只要輪廓對了，
就會顯得帥氣有型

1 輪廓的重要性

總之我想表達的是，注重「輪廓」是很重要的。而輪廓也有幾種變化：

- V字輪廓
- I字輪廓
- A字輪廓

首先希望各位能先掌握這三種輪廓。

也就是決定造型是這之中的哪一種輪廓，以此來選擇搭配衣服。

要說這樣做有什麼好處，那就是「能夠修飾體型！」就算是對自己的體型沒有自信的人，這三種輪廓也能讓你顯得身材很好，可說是最強的輪廓。

接下來，只要自己心中確實理解了輪廓，買衣服也會變得不那麼可怕了。要是覺得騎士外套只適合搭窄管褲，就只會一直買窄管褲。可是了解A字輪廓的話，就會知道也可以搭配錐形褲。不僅購物的範圍會變廣，在店員過來推薦時，也能夠判斷那到底是不是自己需要的東西。這樣一來買東西就不會失敗，不用再多花冤枉錢！

而且養成思考輪廓的習慣後，就能縮短平常思考穿搭造型時所需的時間。「因為這件上衣很短，所以就搭配寬褲，做Ａ字輪廓的穿搭吧。」馬上就能像這樣做出決定。也就是說可以把煩惱穿搭的時間拿去做其他事情，人生也會變得更豐富！

要是能意識到輪廓變化，就可以將同一件單品反覆做不同穿搭。而反覆穿搭能讓造型產生不同的印象，也就能讓人覺得「那個人很時尚」了。

只要守住三種輪廓，
就會自然顯得身材很好。

2 V字輪廓

首先要介紹的是V字輪廓。

要做V字輪廓穿搭時，上衣要穿得寬鬆，褲子則要選擇合身的款式。上半身要選寬版或是比較鬆軟不貼身的衣服，像外套這種比較有份量的單品也包含在內。

搭配時有以下四點訣竅：

①上半身寬鬆，下半身貼身
②乾脆地做出上下尺寸的對比感
③選搭黑色窄管褲多半可以順利完成造型
④鞋子選皮鞋，如果要搭休閒鞋，就選黑色的休閒鞋

要做的話就不要選擇那種要大不小的尺寸，選擇明顯較大的上衣，並留意上衣以外的部分要盡量選擇簡約的帥氣風單品！

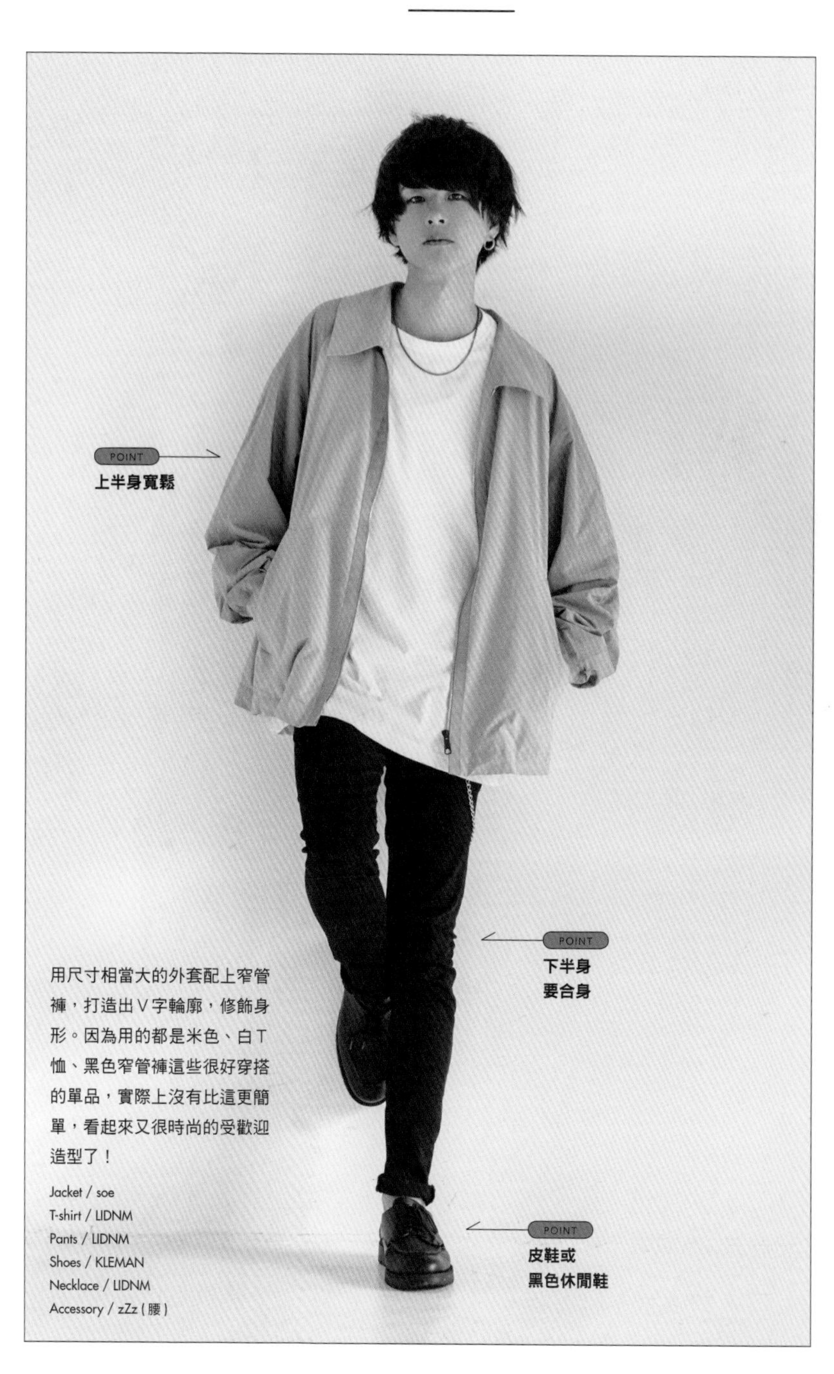

用尺寸相當大的外套配上窄管褲，打造出V字輪廓，修飾身形。因為用的都是米色、白T恤、黑色窄管褲這些很好穿搭的單品，實際上沒有比這更簡單，看起來又很時尚的受歡迎造型了！

Jacket / soe
T-shirt / LIDNM
Pants / LIDNM
Shoes / KLEMAN
Necklace / LIDNM
Accessory / zZz（腰）

STYLE 01

試著用尺寸較大的襯衫來打造V字輪廓。只要在UNIQLO或GU買3XL或4XL這種比自己平常穿起來合身的尺寸大上3～4個尺碼的襯衫，就可以輕鬆挑戰寬鬆單品的穿搭了！

Shirt / LIDNM
Tank top / LIDNM
Pants / LIDNM
Socks / UNIQLO
Shoes / Hender Scheme

STYLE 02

穿上長版大衣的造型也算在V字輪廓中。請用上半身是否具有份量感來判斷屬於哪一種輪廓。大衣只要搭配窄管褲，基本上就不會出錯！以帶有份量感的大衣配上窄管褲便能完美地打造出V字輪廓。

Coat / UNIQLO U
Sweatshirt / UNIQLO U
Tank top / LIDNM
Pants / LIDNM
Shoes / KLEMAN
Bag / LIDNM
Accessory / KLEMAN（腰）

STYLE 03

因為V字輪廓只要上半身比較有份量感就可以了，所以在MA-1裡面穿較厚的帽T增加厚重感，下半身再搭配合身的窄管牛仔褲。可以讓腳下看起來更俐落的皮鞋非常適合V字輪廓。搭配休閒鞋的話則會顯得較為活潑。

MA-1 / GU
Hoodie / YOKE
Tank top / LIDNM
Pants / LIDNM
Shoes / Hender Scheme

③ I字輪廓

接下來是I字輪廓。是三大輪廓中最基本的穿搭方式。

要做I字輪廓穿搭時，要選擇合身的上衣，並且搭配同樣合身的褲子。搭配時的訣竅是以下三點：

①上下身都選擇合身的單品
②為了不讓造型太偏帥氣風，上下其中一邊要利用顏色等加入休閒的要素
③注意穿搭時的層次感，不要明顯露出腰線的位置

因為上下都是合身的衣服，以輪廓來說兩邊都屬於帥氣風。所以為了讓造型不顯得太過做作，請適度加入休閒風的單品做搭配。這也是最適合搭配休閒鞋的輪廓。除此之外，由於I字輪廓比其他輪廓更強調縱向線條，是最能讓人看起來比較高的輪廓，身高不高或比較有肉的人也很適合這個輪廓。

像騎士外套、合身的 MA-1、防風教練外套這些不屬於大衣，較輕便的外套都是可以輕鬆打造 I 字輪廓的上衣。在 T 恤外面披上一件騎士外套剛好可以避免造型顯得太過做作。版型簡約的騎士外套非常好穿搭。

Jacket / LIDNM
T-shirt / UNIQLO U
Pants / LIDNM
Shoes / CONVERSE
Accessory / zZz（腰）

STYLE **04**

用尺寸幾乎剛好合身的襯衫搭配合身的牛仔褲。因為是比V字輪廓更帥氣一些的輪廓，所以搭配休閒鞋也ＯＫ。襯衫和牛仔褲都選藍色的，便能營造出清爽的感覺。

Shirt / Acne Studios
Pants / ZOZO
Shoes / CONVERSE
Bag / LIDNM
Watch / Daniel Wellington
Bengle / Vintage

STYLE **05**

將牛仔外套的鈕扣扣上，搭配合身的西裝褲，確實地打造出縱向的線條。由於牛仔外套和格紋褲比較偏向休閒風，所以腳下不要搭配休閒鞋，改用皮鞋來調和整體的調性。

Jacket / UNIQLOxJWA
Knit / AURALEE
Pants / GU
Socks / UNIQLO
Shoes / Dr.Martens

STYLE **06**

在黑白藍中加上大地色系的造型。藍色和米色不會起衝突，是我很推薦的組合。選搭黑色的褲子、襪子、鞋子，使腿部顯得更為修長。有中折線設計的西裝褲更能強調縱向的線條。

Shirt / COMOLI
Vest / BEAMS
Pants / LIDNM
Socks / UNIQLO
Shoes / Needles by Troentorp
Bag / Hender Scheme
Watch / Daniel Wellington
Bangle / LIDNM

4 A字輪廓

最後是A字輪廓。雖然是這三種輪廓中最難掌握的，但也比較容易顯得獨特、有個性。這種輪廓要選擇要合身的上衣，搭配寬鬆的褲子。訣竅是以下三點：

①上半身合身，下半身寬鬆
②盡量選搭黑色的褲子
③選擇短版的上衣（建議把上衣紮進去）

A字輪廓最大的優點就是腿部較粗的人也可以輕鬆做出這樣的造型。寬鬆的褲子可以藏住粗壯的腿。而搭配短版上衣的話，寬褲也會穿得比較高，使腿部顯得修長。

要成功的打造出A字輪廓，最好選擇材質偏帥氣風的單品。

雖然冬天會穿大衣或羽絨衣，很難穿出這個輪廓，不過夏天時還請務必挑戰看看！

希望大家能跳脫目前為止的常識，選擇寬版的褲子。褲管絕對不要反折。

Jacket / UNIQLO
T-shirt / HARE
Pants / LIDNM
Shoes / CONVERSE

STYLE **07**

以具有垂墜感的針織衫和寬褲打造Ａ字輪廓。上衣和鞋子用黑色帶出一體感。搭配白色背心做多層次穿搭，給人清爽的印象。也配合這點，選穿白色的襪子。

Knit / Acne Studios
Tank top / LIDNM
Pants / LIDNM
Socks / UNIQLO
Shoes / Dr.Martens

STYLE **08**

用清爽俐落的襯衫來搭配相當寬鬆的寬褲。由於褲子的休閒感很強，注意要用襯衫和皮鞋帶出帥氣感。因為寬褲和皮鞋很搭，可以將這兩者視為一個組合來看！

Shirt / AURALEE
Pants / Needles
Socks / UNIQLO
Shoes / Dr.Martens
Bag / LIDNM
Watch / Daniel Wellington

STYLE 09

在打造I字輪廓時也十分活躍的騎士外套，只要將褲子換成寬褲，讓造型轉換成A字輪廓，就能展現出完全不同的感覺。是將整體統一為無彩色系，只用包包帶入一色的造型。層次上可以選擇比騎士外套更長一點的T恤，露出一些白色。

Jacket / LIDNM
T-shirt / UNIQLO U
Pants / LIDNM
Socks / UNIQLO
Shoes / Dr.Martens
Bag / Hender Scheme
Accessory / zZz（腰）

5

在一週的穿搭內變化各種不同的輪廓

如果總是做同一種輪廓的穿搭，容易給人一成不變的感覺。為了避免這點，請務必試著挑戰各種輪廓！

DAY 01

一個人去高圓寺購物的造型

用米色、棕色來統合整體色調的穿搭造型。雖然大衣搭配窄管褲也很好，但少了一點趣味，所以試著搭配了錐形西裝褲。因為沒有白色，便用襪子來帶入白色。

Coat / ORCIVAL
T-shirt / HARE
Pants / SUNSEA
Socks / UNIQLO
Shoes / Dr.Martens
Bag / SLOW

DAY 03

去大學上課時的造型

顏色會產生連結性，所以可以利用包上的白色標籤和白色的鞋子，這兩處的白色造成的三明治效果來統合整體造型。稍微露出腰間的飾品，藉此給人連細節都有注意到的印象。

Knit / AURALEE
Pants / STEVEN ALAN
Shoes / PUMA
Bag / F/CE.®
Accessory / zZz（腰）

DAY 02

和男性友人去唱卡拉ＯＫ的造型

以紅色休閒鞋作為亮點的穿搭造型。除了鞋子之外沒有使用任何鮮豔的顏色，使得紅色被襯托得更為亮眼。紅色休閒鞋最好選擇造型簡約，鞋底是白色的款式，可以帶出乾淨清爽感。

Jacket / LIDNM
T-shirt / STEVEN ALAN
Pants / LIDNM
Shoes / alfredoBANNISTER
Bag / Hender Scheme

DAY 05

放學後去電影院約會的造型

因為黑白細格紋襯衫有種可愛的感覺，所以除了上衣之外的部分盡量選擇低彩度的顏色。襯衫正面的鈕扣不扣上直接穿，就會顯得比較寬鬆，也比較容易打造出V字輪廓。

Shirt / STEVEN ALAN
T-shirt / UnitedAthle
Pants / LIDNM
Shoes / Paraboot
Bag / LIDNM
Accessory / zZz (腰)

DAY 04

社團要聚餐時的造型

用黑、白、藍三色統合整體造型。因為刷破設計的牛仔褲屬於休閒風，所以試著讓整體的色調偏向藍色，藉此給人清爽的印象。注意用有領子的外套和皮鞋來增添正式感。

Jacket / TOGA VIRILIS
T-shirt / GU
Tank top / LIDNM
Pants / LIDNM
Shoes / Dr.Martens

DAY 07

外出購物時的造型

在整體統合為黑色的造型中，用感覺很難搭配的蟒蛇紋來作為點綴。只要用布勞森外套配上窄管褲，就可以輕易地完成V字輪廓。利用有圖樣的單品給人擅於穿搭的印象吧！

Jacket / LIDNM
Shirt / Lui's
T-shirt / UNIQLO
Pants / LIDNM
Socks / UNIQLO
Shoes / Dr.Martens
Bag / LIDNM
Accessory / zZz（腰）

DAY 06

去參加喜歡的搖滾樂團演唱會的造型

由於刷破設計的牛仔外套配上手腕、腰際、耳垂上的飾品帶出了休閒感，所以試著配上黑色窄管褲，做出帥氣的I字輪廓。鞋子不要選皮鞋，而是選搭黑色休閒鞋，避免整體的造型顯得太過做作。

Jacket / ZARA
T-shirt / UnitedAthle
Pants / LIDNM
Socks / UNIQLO
Shoes / NIKE
Accessory / KAIKO（腰）
Bangle / GUCCI（左手）Vintage（右手）

COLUMN 2

想變得時尚，一定要去做的第一件事

想變得時尚，一定要做的事情是什麼呢？

去買新的衣服？努力學習穿搭？

不，不是這些。首先應該要做的是整理手邊現有的衣服。也就是把不需要的衣服丟掉！

而且在清理後，衣服必須維持在可以管理的狀態。

我會用不重疊的方式來收納衣物。要是都疊在一起，疊在下方的衣服會比較容易起皺褶，也會因為看不見，而忘記自己有這件衣服。

只要能夠掌握自己有哪件衣服在哪裡，不管是在買新衣服還是思考穿搭時都會方便許多，所以管理好自己的衣服真的是非常重要的事。

為了把衣服立起來收納，這裡將我折T恤的方式介紹給大家。

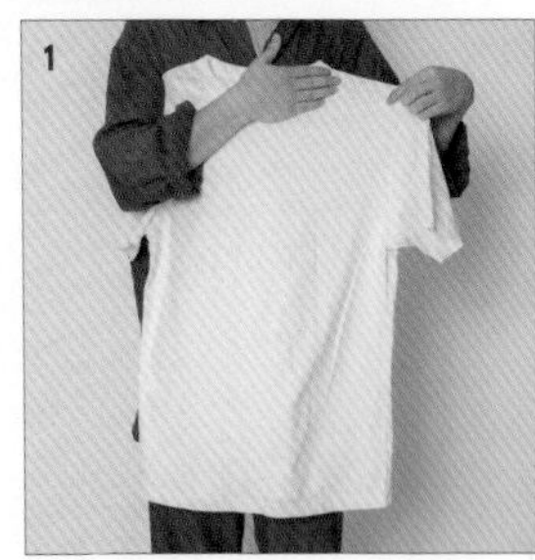

壓住肩膀的位置，攤開衣服。

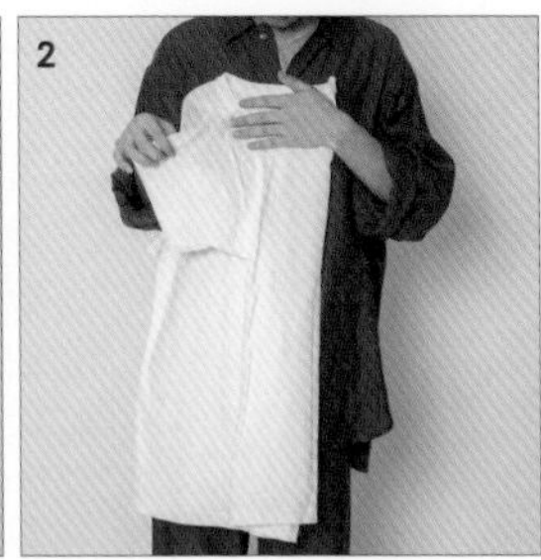

從約 2/3 的位置往內折。

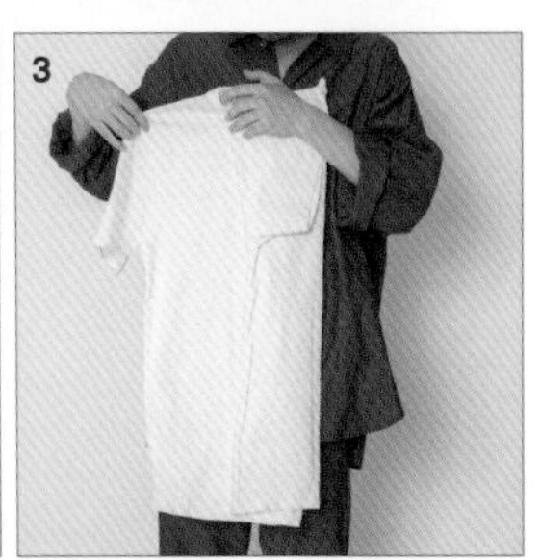

將袖子的部分反折。

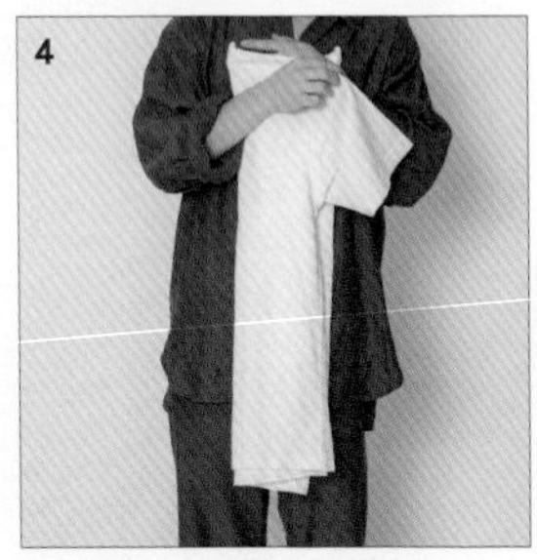

另一邊也用同樣的方式折。

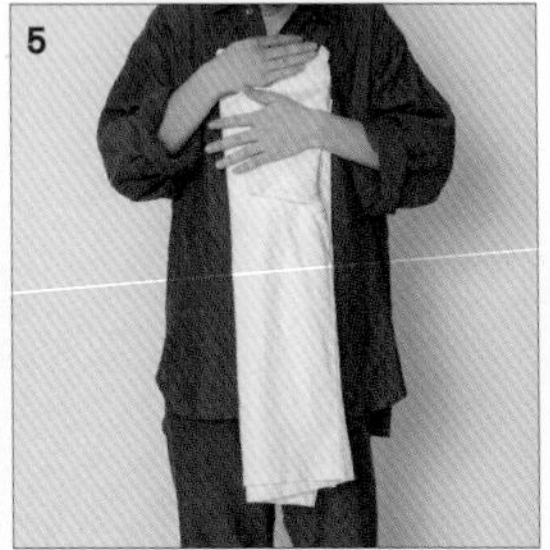

把手當成熨斗，撫平衣服上的皺褶。這個步驟很重要！

把衣服對折。

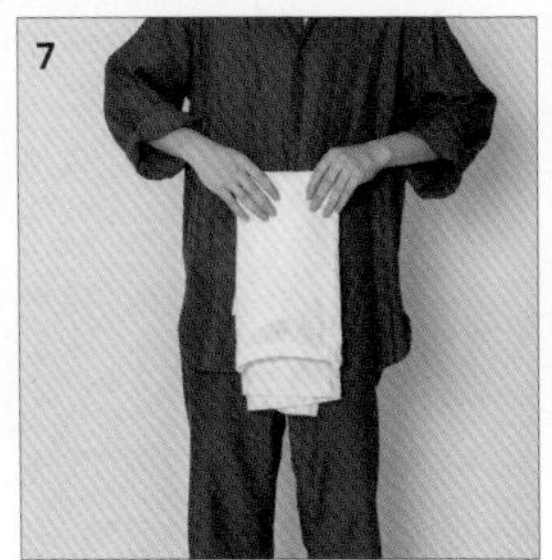

對折的時候，在身體那側多留下一公分。

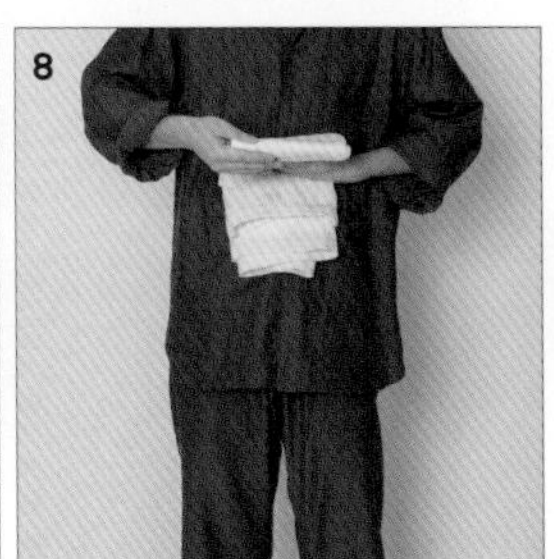

再對折一次。

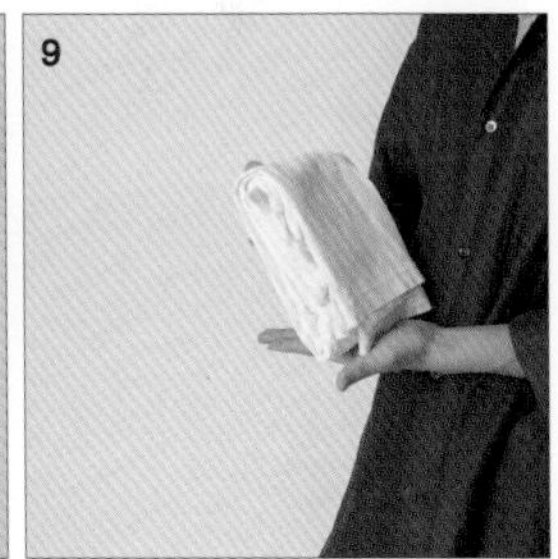

完成！

這樣折就能讓衣服立起來！！

CHAPTER 3

item

只要備有這個準沒錯的單品

1 有一些應該先買起來的單品

「穿搭的重點是協調」、「了解造型的輪廓」，到這裡我已經將穿搭時的法則介紹給大家了，不過大家現在的疑問應該是「所以實際上應該要有哪些衣服比較好？」吧。

這裡想將我精心挑選的必備五單品，以及其他只要衣櫃備有一件，在穿搭時就可以省去許多煩惱的單品介紹給大家。

總之就是非常百搭，和流行沒什麼關係，絕對應該要有的五件單品是：

- 黑色窄管褲
- 白T恤
- 帽T
- 皮鞋

●徹斯特大衣

這五項。理由將會從下一頁開始說明。

光有這五件當然無法做出各種穿搭，所以我也會針對針織衫或其他種類的外套、具有不同輪廓的褲子、休閒鞋等單品做說明。

時尚穿搭最重要的是興奮感。請抱持著每一季都要購入基本款單品的心情，一旦覺得膩了，就試著換一批自己手上持有的單品。

要是覺得手上比較多休閒風的單品，只要意識到這點，優先購入帥氣風的單品，就能使手邊衣物的風格變得更為平衡。

就算要加入流行的要素，也大多會用基本款單品來搭配流行的單品，所以先試著購入能讓穿搭造型變得更為豐富多變的基本款單品吧！

手邊應該要備有
不受時代左右的百搭單品。

2 黑色窄管褲是必備單品

可說是穿搭的原點，也是頂點的單品，就是黑色窄管褲！

沒有的人請務必買一件看看。

想要讓身材看起來好，最需要注意的部位就是「腿」。**只要在穿搭時，縮短身體的比例，讓腿部顯得修長就可以了**。不需要真的讓自己的腿變長。

黑色窄管褲比任何褲子都更能強烈修飾出纖細的腿部線條。所以腿看起來會比較長，可以有效地使身材顯得更好。

再加上黑色窄管褲非常好搭，好搭到要找出跟它不搭的單品還比較難的程度。也就是說非常適合用來反覆做不同的搭配。不僅如此，女性對黑色窄管褲的印象也極佳，簡直像是出自神之手，獨一無二的褲款。

而且適合所有季節，是整年都能十分活躍的單品。

UNIQLO 的黑色窄管褲方便購買，彈性又好。
只要 3990 日幣這個經濟實惠的價格也是魅力之一。

特級彈性 SKINNY FIT 牛仔褲系列 / UNIQLO

STYLE **10**

利用黑色皮鞋、黑色襪子、黑色窄管褲打造出讓腿部顯得修長的效果。是穿寬版或尺寸較大的外套時我很推薦的穿搭法。加入橘色這個點綴色，點亮整體造型。

Jacket / LIDNM
Shirt / STILL BY HAND
Pants / LIDNM
Shoes / Hender Scheme
Bag / MYne
Necklace / LIDNM
Accessory / KAIKO (腰)

STYLE **11**

黑色窄管褲和大衣是萬無一失的組合，當然也推薦搭配長版大衣。利用多層次穿搭露出些許白色的坦克背心和白色的襪子，藉此帶出乾淨清爽感。

Coat / COMOLI
Knit / AURALEE
T-shirt / LIDNM
Pants / LIDNM
Socks / UNIQLO
Shoes / Dr.Martens
Bag / SLOW

STYLE **12**

以黑色窄管褲來調和花襯衫特有的感覺。雖然選用了有圖樣的單品，但還是以黑白藍三色帶出一體感的造型。襯衫基本上是屬於帥氣風的單品，但有圖案的花襯衫就比較偏休閒一些。可是玫瑰花圖案比起休閒又比較偏帥氣風，所以為了避免造型顯得太刻意，這時最好不要搭配皮鞋，改搭黑色的休閒鞋。

Shirt / INTER FACTORY × ユウト
T-shirt / UNIQLO
Pants / LIDNM
Shoes / NIKE
Watch / Daniel Wellington

3 衣櫃中應該備有幾件白T恤

因為白T恤是**反覆穿搭時的最強單品**，我認為可以將它視為每季都要新添購的單品。

一定要有一件造型簡約，沒有口袋、沒有LOGO，也沒有任何圖案的白T恤。

T恤或許給人只有夏天才會穿的印象，但實際上不是這樣的。夏天直接穿這一件當然也很好，不過也可以穿在夾克裡頭，或是穿上白T恤後，再披一件襯衫在外頭。一整年都能活躍在各種穿搭造型中。

可以先購入單純簡約的款式，再陸續購入輪廓寬大的寬鬆尺寸、袖長長到靠近手肘附近的款式，或是有一個小圖案做點綴的款式等，要是備有各式各樣的白T恤，穿搭也會變得更有趣。

也先在UNIQLO買件只要手邊有一件絕對能派上用場的白T恤吧。
圓領的T恤跟各種外套都很搭。

經典圓領T恤 / UNIQLO

STYLE **13**

手邊已經有 1 ～ 2 件基本款白 T 恤的人，可以試著挑戰比較有個性的 T 恤。因為這件 T 恤的袖長大概比七分袖還要再長一點，所以就算只是白 T 恤搭配黑褲子這種簡單的穿搭造型 也能展現出不一樣的氣氛。

T-shirt / CHOW DOWN
Pants / LIDNM
Shoes / HARE
Bag / LIDNM
Watch / LOBOR
Necklace / GUCCI
Accessory / Hender Scheme (腰)

STYLE 14

白 T 恤是整年都能穿的單品。春秋時可以試著在白 T 恤外面搭上一件騎士外套或是薄大衣。在搭配帥氣風外套的情況下，比起襯衫，白 T 恤也比較不會給人過於做作的感覺。

Coat / UNIQLO
T-shirt / UNIQLO
Pants / GU
Socks / UNIQLO
Shoes / Dr.Martens
Accessory / Hender Scheme (腰)

STYLE 15

用尺寸較寬的 T 恤搭配寬褲時，只要把上衣紮進去就能增添帥氣的要素，變得比較好掌握造型的平衡感。由於上下都是休閒風的單品，便利用包包和鞋子的黑色來調和整體造型的風格。

T-shirt / UNIQLO U
Pants / WILLY CHAVARRIA
Shoes / KLEMAN
Bag / LIDNM
Necklace / LIDNM
Accessory / LIDNM(腰)
Watch / G-SHOCK × MHL
(MARGARET HOWELL)

4 帽T可以做出不同的搭配

單穿一件帽T當然也很有型，但實際上也能藉由搭配外套，能給人不同的印象。說起帽T，我最推薦的絕對是「灰色」！我想有黑色外套的人應該比較多吧。像是黑色的騎士外套、大衣或是MA-1。所以灰色的帽T會更好搭配其他的外套或褲子。

選擇帽T時的重點是以下這兩點：

①帽子比較硬挺的單品

②盡量選擇沒有圖案，素面的款式

要是帽子立不起來，很皺或是很薄，就會軟軟地貼在背後，不夠帥氣。而且帽子立起來也有修飾臉型，使臉顯得比較小的效果。因為帽T屬於休閒風的單品，選擇素面、只有一個小圖樣或LOGO的款式，比較容易做出協調的穿搭造型。

擁有多件帽T時，可以選擇顏色或材質不同的單品。
我認為最方便做各種穿搭的是「灰色」，不過第二件開始選擇黑色或亮色系的帽T，為造型增添一些變化也不錯。
毛料的帽T很適合秋天。

由左到右　GU / Underfeated / YOKE / 823 × monkey time

STYLE **16**

只要有黑色窄管褲跟皮鞋，就算上半身是休閒風，也能搭配出協調的造型，簡直是具有魔法的組合。帽 T 也很適合搭配有拉鍊的外套，所以除了單穿帽 T 外，我也很推薦外面再搭一件外套的穿法。

Outerwear / PHINGERIN
Hoodie / GU
Tank top / LIDNM
Pants / LIDNM
Shoes / Paraboot
Accessory / LIDNM（腰）

STYLE **17**

由於整體色調是黑色會顯得比較帥氣，所以選擇了休閒風的單品來做搭配。要是穿黑襯衫、黑色西裝外套會太偏帥氣風，便改用黑色帽 T 和黑色的 MA-1 來增添休閒風的要素。

MA-1 / GU
Hoodie / YOKE
Pants / LIDNM
Shoes / Hender Scheme
Accessory / zZz（腰）

STYLE 18

選擇帽子不會垮下來，比較厚實硬挺，可以確實立起來的帽T會顯得比較帥氣。這件GU的帽T是用1990日幣購入的。灰色和深藍色也很搭，是非常適合用來反覆穿搭的單品。

Hoodie / GU
Pants / ZOZO
Shoes / HOKA ONE ONE
Bag / DEVICE
Watch / LOBOR

5 黑色皮鞋是百搭單品

總之希望沒有皮鞋的人絕對要先買一雙。

如果是第一雙皮鞋，我推薦「Dr.Martens」。覺得Dr.Martens的價格太高的人，可以試著找自己可以接受的價格，但不要選鞋頭偏尖、像是上班族穿的皮鞋，要選鞋頭比較圓的鞋款。

在敘述如何被人稱讚時尚的訣竅是「協調」時也有提到，皮鞋屬於帥氣風的單品。大家或許會認為皮鞋就是要搭配非常正式的裝扮，但搭配休閒風的單品做調和其實也會很有型。是超乎想像，可以用在各式各樣穿搭造型上的單品！

皮鞋還有一個好處就是不需要追逐流行。也因為皮鞋和大衣非常搭，就算認定穿大衣時就是要配皮鞋也沒問題。

第一雙建議買有鞋帶的基本款。第二雙開始可以挑選有流蘇或是扣環等有亮點的鞋款。

STYLE **19**

由於整體的色調比較沉穩，所以選用了休閒風的包包。裡面搭上一件坦克背心來掩飾腰際的分界，有修飾身材的效果。再加上外套也是寬版的，是可以讓身材顯得好上許多的造型。

Jacket / LIDNM
Sweatshirt / STEVEN ALAN
Tank top / LIDNM
Pants / LIDNM
Shoes / Dr.Martens
Bag / F/CE.®

STYLE 20

讓皮質騎士外套和皮鞋的兩者的材質做連結，藉此收斂整體造型，帶出一體感。雖然 KLEMAN 的皮鞋價格也是大約要 1 萬 9 千日幣，但比 Dr.Martens 或 Paraboot 來得便宜，大家可以試著配合自己的預算來挑選！

Jacket / LIDNM
Knit / AURALEE
Tank top / LIDNM
Pants / GU
Socks / UNIQLO
Shoes / KLEMAN

STYLE 21

顏色相對明亮的大衣和針織衫造型，我建議搭配具有收斂效果的黑皮鞋。Paraboot 的皮鞋定價非常貴，但皮革隨著歲月變化依然美觀，可以穿很久。是令男性嚮往的皮鞋。

Coat / AURALEE
Knit / JIEDA
T-shirt / UNIQLO
Pants / LIDNM
Socks / UNIQLO
Shoes / Paraboot

6 不知該買哪種外套，就選徹斯特大衣

任何時代都適用的單品。要買外套的話，我一定會建議買徹斯特大衣。顏色上我**最推薦的是深藍色**。除此之外就是黑色或駝色。不過因為駝色屬於比較明亮的顏色，不搭配黑色窄管褲和皮鞋就很難做出協調的穿搭，在穿搭上比較受限制。黑色則是會讓本身就有領子，屬於帥氣風的徹斯特大衣顯得更為帥氣，變得必須搭配休閒鞋一類的單品，來減輕造型太過刻意的印象。所以深藍色會是最好搭配的顏色。

穿的時候只要注意以下幾點，就能搭配出感覺不錯的造型：

①搭配合身的褲款

②其他搭配的單品要選擇較為沉穩的顏色

③鞋子選搭皮鞋就絕對不會出錯

深藍色和黑色是比較好搭配其他單品的顏色。
正因為版型簡約，要選哪個顏色就變得非常重要。

左 / LIDNM　右 / CARUSO　下 / UNIQLO

STYLE 22

用比較優雅沉穩的襯衫和針織衫做多層次穿搭，外面再搭上大衣。就算在室內脫下大衣看起來也很有型。是最適合 20 多歲的冬季穿搭造型。

Coat / AURALEE
Knit / AURALEE
Shirt / Acne Studios
Pants / LIDNM
Socks / UNIQLO
Shoes / Paraboot

STYLE 23

因為色調沉穩，是適合成熟大人約會場合的穿搭造型。由於大衣是黑色的，搭配深藍色的窄管褲能讓身材比例顯得更好。約會想必會成功吧。

Coat / CARUSO
Knit / Crepuscule
Pants / ZOZO
Shoes / Paraboot

STYLE 24

屬於帥氣風單品的大衣是能夠調和帽T和白色休閒鞋這些休閒風單品的萬能單品。以褲子、鞋子、大衣打造黑白藍三色的平衡，再用帽T加入灰色，是帶有一些玩心的造型。

Coat / UNIQLO U
Hoodie / GU
Pants / LIDNM
Socks / UNIQLO
Shoes / PUMA

7

秋冬選針織衫就對了

針織衫單穿就很有型，也可以搭配外套。此外要是在針織衫裡面搭上一件襯衫，就會顯得有特別用心在搭配，也會間接讓人覺得你很時尚。

我最推薦的是素面的圓領針織衫。和大衣或牛仔外套等各式各樣的外套都很搭，好搭到很難找到和它不搭的外套。圓領針織衫就是領口處是圓弧形的針織衫。總之只要在這件針織衫外頭搭上一件外套就ＯＫ了。針織衫也能讓女性留下好印象。

至於顏色果然還是白色或黑色比較好搭配其他單品，也因為是無彩色系，穿搭時很方便。還請大家從圓領開始，慢慢拓展到高領或中高領針織衫看看。

針織衫是以顏色、織法、尺寸來帶出變化的單品。白色和黑色當然很好搭，但帶有秋意的米色或棕色也是單一件就能拿來當作內搭的顏色。

左上 / AURALEE　右上 / AURALEE　左下 / Crepuscule　右下 / AURALEE

8 只要備齊外套，就可以放心穿三季

「MA-1、牛仔外套、騎士外套、防風教練外套」，這些是除了大衣之外，我建議衣櫃中要備有的外套。春秋只要套上一件就行，冬天則是可以用外套加外套的穿法，和其他外套搭配組合，也能有效禦寒。

說起MA-1首先會提到的布勞森外套裡頭有鋪棉，非常暖和。因為是屬於休閒風的單品，搭配時請選擇帥氣的單品。

牛仔外套容易讓人產生好感。也不挑下半身搭配的單品。

騎士外套就是非常適合反覆穿搭的單品。不管是窄管褲、寬褲、襯衫、大學T、帽T，全都很搭，可以輕易地改變呈現出的印象。

防風教練外套因為有領子，所以比MA-1更偏向帥氣風。由於表面帶有光澤，不妨藉此來玩些顏色搭配。

無論春秋都能派上用場的薄外套們。
不管是單獨穿還是搭配在大衣裡面都行。

左上 MA-1 / GU　右上 牛仔外套 / UNIQLO
左下 防風教練外套 / soe　右下 騎士外套 / LIDNM

9 牛仔褲就是容易讓人產生好感

在CHAPTER5會針對顏色做討論，不過藍色是非常百搭的顏色。所以很容易納入穿搭造型中，同時也是容易讓人產生好感的顏色。

選擇牛仔褲時也要注意版型。

窄管褲會讓腿顯得比較修長。不過在選購窄管牛仔褲時一定要選有彈性的。布料太硬的話腿絕對會痛。

然後是錐形褲。這是就算腿比較粗壯，也能將腿型修飾得很好看的版型。

因為牛仔褲是休閒風的單品，寬版的牛仔褲不是身材比例真的很好的人很難穿得好看。我想大家或許也已經了解到，要將本身屬於休閒風，版型輪廓也屬於休閒風的單品穿出時尚感是件困難的事。正因為如此，牛仔褲我比較推薦版型線條俐落的款式。

牛仔褲是用版型和顏色為重點來選購的單品。褲管太長的時候就反折起來。詳細請參考 P164。

由左到右 LIDNM / A.P.C. / LEVI'S / USED / GU

10

用褲子來改變輪廓

雖然黑色窄管褲和牛仔褲是應該優先購入的褲款，但備有其他種類的褲子，能讓穿搭造型的輪廓變得更廣，顯得更為時尚。

有腿太粗壯煩惱的人請務必試試看「錐形褲」。因為是大腿部分比較寬鬆，越往腳踝部分越窄的版型，能修飾腿部，讓整條腿看起來更細。不管是腿細還是腿粗的人穿，輪廓都是一樣的！

覺得黑色窄管褲太常見無趣的人可以試試黑色的「寬褲」。由於版型寬鬆，也很適合腿粗壯的人穿。只要有了寬褲，可以打造的造型輪廓就會一下子增加許多。選擇黑色會比較好搭配。寬褲因為褲襠也比較寬鬆，可以將腰的位置穿得比窄管褲更高，藉此修飾身材比例。褲管下襬要是鬆垮垮的會給人穿不好的印象，最好注意褲管的長度，適度地修改褲管。

要是除了牛仔褲以外還備有休閒風和帥氣風的褲款，穿搭時會方便許多。有打褶設計的錐形褲會更偏向帥氣風一些。

由左到右　LIDNM / UNIQLO / UNIQLO / Steven Alan / adidas

11 也能用來作為色彩亮點的休閒鞋

關於鞋子，我雖然說皮鞋是萬能的，但休閒鞋果然還是很方便好搭。

就算鞋面是黑的，但鞋底和鞋帶有白色部分的休閒鞋，或是全白的休閒鞋，這兩者在想為造型增添一些白色時都非常的好用。因為在造型中加入白色，就能帶出乾淨清爽的感覺，還請善用休閒鞋來做到這一點。

包含鞋帶在內全黑的休閒鞋可以用在搭配皮鞋會顯得太過刻意，但又想要增添一些帥氣感的造型中。

想為無彩色造型加上一種顏色時，紅色等彩色的休閒鞋能扮演很好的角色。本身有三種顏色以上的休閒鞋單看是很帥，但在穿搭時就不是那麼好搭配了。

CONVERSE 的 ALL STAR、VANS 的 Old Skool、Reebok 的 Pump Fury、
adidas 的 Stan Smith 等等都是絕對不會出錯的基本款。

由左邊的粉色休閒鞋開始依順時針方向
CONVERSE / CONVERSE / CONVERSE / VANS / Reebok / VANS / FILA / adidas / CONVERSE

CHAPTER 4

season

不用再煩惱這個季節
該穿什麼才好

1 享受不同季節的時尚穿搭

你是否覺得隨著季節轉變就得換穿不同的衣服很麻煩呢？

春天跟秋天到最後都穿著同樣的衣服、夏天的造型總是同一種輪廓、冬天因為老是穿同一件外套，結果看起來每天都穿得一樣……

在不同的季節，大家在穿搭上或許有些這樣的煩惱吧。

而且想必也有認為隨著換季就買新衣，在財務跟收納空間上都會造成很大負擔的人在吧。

雖然厚重的大衣實在是只有冬天能穿，可是還是有很多不分季節都能反覆用來穿搭的單品！

襯衫只要配上針織衫，就不會是只有春天或秋天能穿的衣服。白T恤只要穿在外套裡頭，在寒冷的季節也能派上用場。

此外由於春天是開始新生活的季節，所以穿搭上會偏休閒風一些，或是會多穿一些色彩明亮的衣服，在選擇時顏色也會變得比較重要。

在這個章節中將會針對每一季的穿搭重點、搭配時的訣竅、最好要準備的單品做介紹。

追根究底，只要穿上具有季節感的服裝，就會顯得很時尚了。

而季節轉變時也是可以購入新的單品，令人興奮的時期。

簡單來說，只要在單品的選擇和搭配方式上沒有出錯的話，根本就不用擔心季節的變化。我希望大家能夠去了解各個季節的重點，更進一步地去享受時尚穿搭的樂趣。

善用手邊的單品做搭配，利用季節性單品
在一整年內享受豐富多變的時尚穿搭。

2 春季穿搭的基本

春季是有許多人會邁入新生活的季節呢！我認為春季的穿搭可以比其他季節更偏向休閒風一些。

首先，如果是接下來要展開新生活，打算從頭開始添購新衣的人，我建議先買一些好搭配的基本款單品。像是黑色窄管褲、白T恤、牛仔外套等。

假如是手邊已經備齊方便搭配的單品的人，在搭配時請試著注意以下兩點：

①明亮的顏色（彩色的單品或是淺色的牛仔布）

②休閒風的單品（我也很推薦白色休閒鞋）

從P96開始會介紹一些具體的穿搭造型。覺得很難將彩色單品納入造型裡的話，不妨先從內搭開始吧！

在想要將明亮的顏色納入造型中的春季，試著用休閒鞋在造型中加上了粉紅色。選擇下襬比牛仔外套更長的白T恤，藉由有層次的穿搭來露出一些白色，配上襪子的白色，是能夠展現出乾淨清爽感的造型。

Jacket / UNIQLO and JW ANDERSON
T-shirt / UNIQLO
Pants / LIDNM
Socks / UNIQLO
Shoes / CONVERSE
Bag / THRASHER

3 春季應該備有的單品

首先以休閒風單品來說，需要準備休閒鞋。白色休閒鞋同時能給人乾淨清爽的印象，很適合新生活。

褲子總之需要一件絕對和什麼都很搭的黑色窄管褲，而淺色牛仔褲也很適合春季。除此之外還要準備什麼褲子的話，有黑色的錐形西裝褲會方便許多。因為和窄管褲的版型輪廓不同，就算上半身搭配同樣的單品，也能變化出不一樣的感覺。比寬褲更好搭配也是優點之一。運動褲也是我滿推薦的單品。

由於春季還留有些許涼意，所以也要準備薄外套。最適合春季的是牛仔外套。請試著搭配白T恤穿。黑色窄管褲和白T恤是不管外面披上一件什麼都能顯得很有型的超強組合。

Spring

可在春季時用來反覆穿搭的單品

外套：風衣外套、單排扣大衣、徹斯特大衣

薄外套：MA-1、防風教練外套、騎士外套、牛仔外套、西裝外套

上衣：大學T、帽T、長袖T恤、開襟襯衫、牛仔襯衫、格紋襯衫、直條紋襯衫

褲子：牛仔褲、西裝褲、黑色窄管褲、卡其褲、運動褲

STYLE 25

用帶有春天氣息，比起深藍色更亮眼的藍色帽Ｔ為主角的穿搭造型。雖然衣服上有ＬＯＧＯ，色調也比較休閒，但春季時就算穿得如此有休閒感也沒問題。黑色窄管褲在所有季節都能派上用場。

Hoodie / Undefeated
Pants / LIDNM
Shoes / KLEMAN

STYLE 26

手邊沒有春季單品時，就利用搭配方法來穿出有春季感的造型吧。以整年都能穿的灰色帽T、牛仔褲、休閒鞋來搭配。只要將三種適合反覆穿搭的休閒風單品組合在一起，就能打造出帶有春季感的造型。

Jacket / LIDNM
Hoodie / SAYHELLO
Tank top / LIDNM
Pants / ZOZOTOWN
Socks / UNIQLO
Shoes / VANS
Bag / KAIKO

STYLE 27

以牛仔外套搭配牛仔褲，上下都是牛仔布的造型。說起春天，牛仔布的印象就比較強烈呢。ZARA會賣一些具有玩心的牛仔外套。不過因為整體來說偏休閒風，所以造型輪廓選了較帥氣的I字輪廓。

Jacket / ZARA
T-shirt / UNIQLO
Pants / BEAMS
Shoes / Dr.Martens
Bangle / Vintage
Necklace / LIDNM

STYLE **28**

用白色休閒鞋和格紋外套來稍微增強休閒風的要素，帶出春天的季節感。要說最適合白色休閒鞋的季節，那就是春季了。想讓造型帶有乾淨清爽感時我也很推薦搭配白色休閒鞋。

Jacket / PHINGERIN
T-shirt / UNIQLO
Pants / LIDNM
Shoes / CONVERSE
Necklace / LIDNM

4 夏季穿搭的基本

由於夏季基本上穿得不多，搭配的單品數比較少，是很難在穿搭造型上做出變化的季節。希望大家注意的有以下三點：

①手腕上要戴手錶或手環，脖子和腰際也要配戴飾品

②上衣不要有皺褶

③顏色控制在三色以內

利用項鍊或掛在腰上的鏈條等飾品為造型增添亮點，就會讓人產生連造型上的細節都很用心的印象。

想要做出變化時就搭配花襯衫。訣竅是選擇圖樣沒有太多顏色的單品。以在三色以內為基準。再來就是上衣有皺褶會讓人覺得很邋遢，反而會讓服裝營造的好印象毀於一旦！

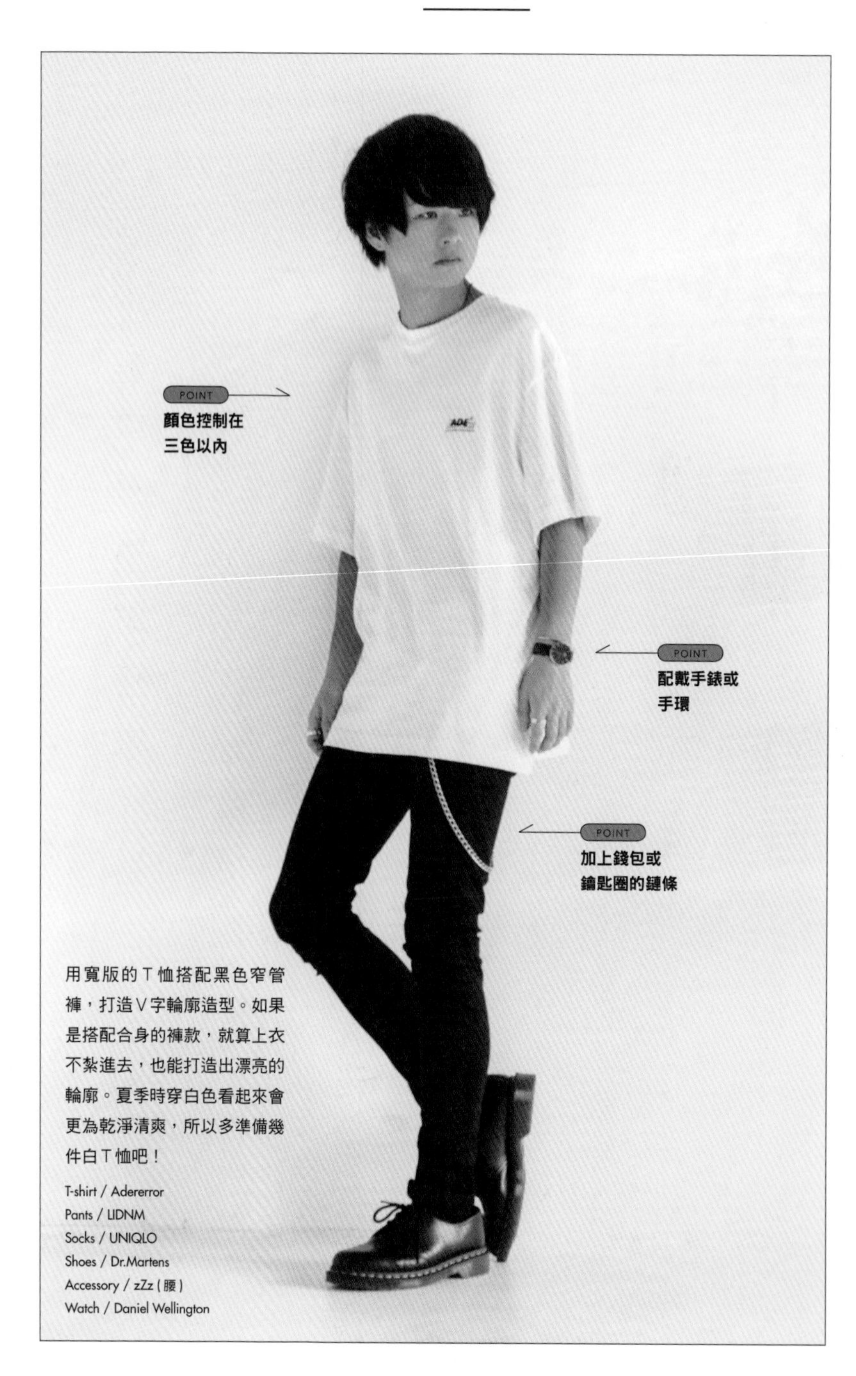

用寬版的T恤搭配黑色窄管褲，打造V字輪廓造型。如果是搭配合身的褲款，就算上衣不紮進去，也能打造出漂亮的輪廓。夏季時穿白色看起來會更為乾淨清爽，所以多準備幾件白T恤吧！

T-shirt / Adererror
Pants / LIDNM
Socks / UNIQLO
Shoes / Dr.Martens
Accessory / zZz（腰）
Watch / Daniel Wellington

5

夏季應該備有的單品

首先必備的果然還是白T恤和黑色窄管褲。再來就是用有圖案的開襟襯衫來做出變化。可以穿白色或米色的坦克背心，再把襯衫披在外面，也可以把襯衫扣起來單穿。

包包是比較容易採用具夏季感材質的單品。具有透明感的塑膠包可以讓造型瞬間變得很有夏季的感覺。

此外涼鞋也是只有夏季才能穿的單品。選擇黑色的涼鞋會比較好搭配。

前面在提到夏季穿搭需要注意的重點時也有提到，請大家也試著挑戰手環、太陽眼鏡、鏈條、戒指、項鍊等飾品吧！

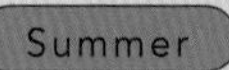

可在夏季時用來反覆穿搭的單品

上衣：白T恤、開襟襯衫、花襯衫

褲子：黑色窄管褲、貼身牛仔褲、寬褲

飾品：項鍊、耳環、手環、手鍊、太陽眼鏡、手錶

鞋子：涼鞋、休閒鞋

STYLE 29

沒有任何圖案的基本款白襯衫搭配牛仔褲和休閒鞋，極為簡約的夏季造型。正因為簡約，才要用橘色的包包來玩出一些變化。選擇鞋底是白色的休閒鞋能帶出乾淨清爽感。

T-shirt / UNIQLO U
Pants / UNIQLO U
Shoes / CONVERSE
Bag / MYne
Necklace / LIDNM

STYLE 30

夏季的街頭風造型。因為將單品分開來看，有許多相當休閒且街頭風的單品，所以用顏色來讓造型有沉穩的感覺。做這種打扮的時候，心情上也稍微變得強勢一點吧！

T-shirt / H&M
Pants / kappa
Shoes / NIKE
Bag / DEVICE
Necklace / LIDNM,GUCCI
Bangle / TOGA

STYLE 31

最穩定的黑白藍造型。我認為這個造型不管是約會、去學校，還是和朋友去玩，在任何狀況下看起來都十分帥氣。注意要利用手錶、折起褲管、利用坦克背心的多層次穿搭等技巧帶出乾淨清爽感。

T-shirt / SHAREEF
Tank top / LIDNM
Pants / LIDNM
Shcks / UNIQLO
Shoes / Paraboot
Bag / F/CE®
Necklace / STUDIOUS

STYLE 32

穿花襯衫時，其他搭配的單品盡量選擇簡約樸素的款式吧。這是為了襯托花襯衫這個主角。因為襯衫下搭配的是坦克背心，所以非常涼爽。利用黑色的錐形褲、襪子、皮鞋讓腿看起來更修長。

Shirt / UNIQLO
Tank top / LIDNM
Pants / LIDNM
Socks / UNIQLO
Shoes / Dr.Martens
Watch / Daniel Wellington
Accessory / zZz（腰）

6

秋季穿搭的基本

秋季穿搭推薦的顏色和春季不同。要是和春季一樣就太浪費了！我最推薦的秋季色系是以下三種：

①駝色、米色、棕色
②深藍色
③黑色

只要將這幾個顏色加入造型中，就能帶出秋季的時尚感。

還有在秋冬時能夠派上用場的針織衫。不僅可以單穿，也可以穿在坦克背心或襯衫外頭，享受多層次穿搭的樂趣。

雖然和春季一樣希望可以準備一些薄外套，但和適合休閒風的春季相比，秋季是適合帥氣風的季節。搭配騎士外套等黑色的外套會顯得十分有型喔！

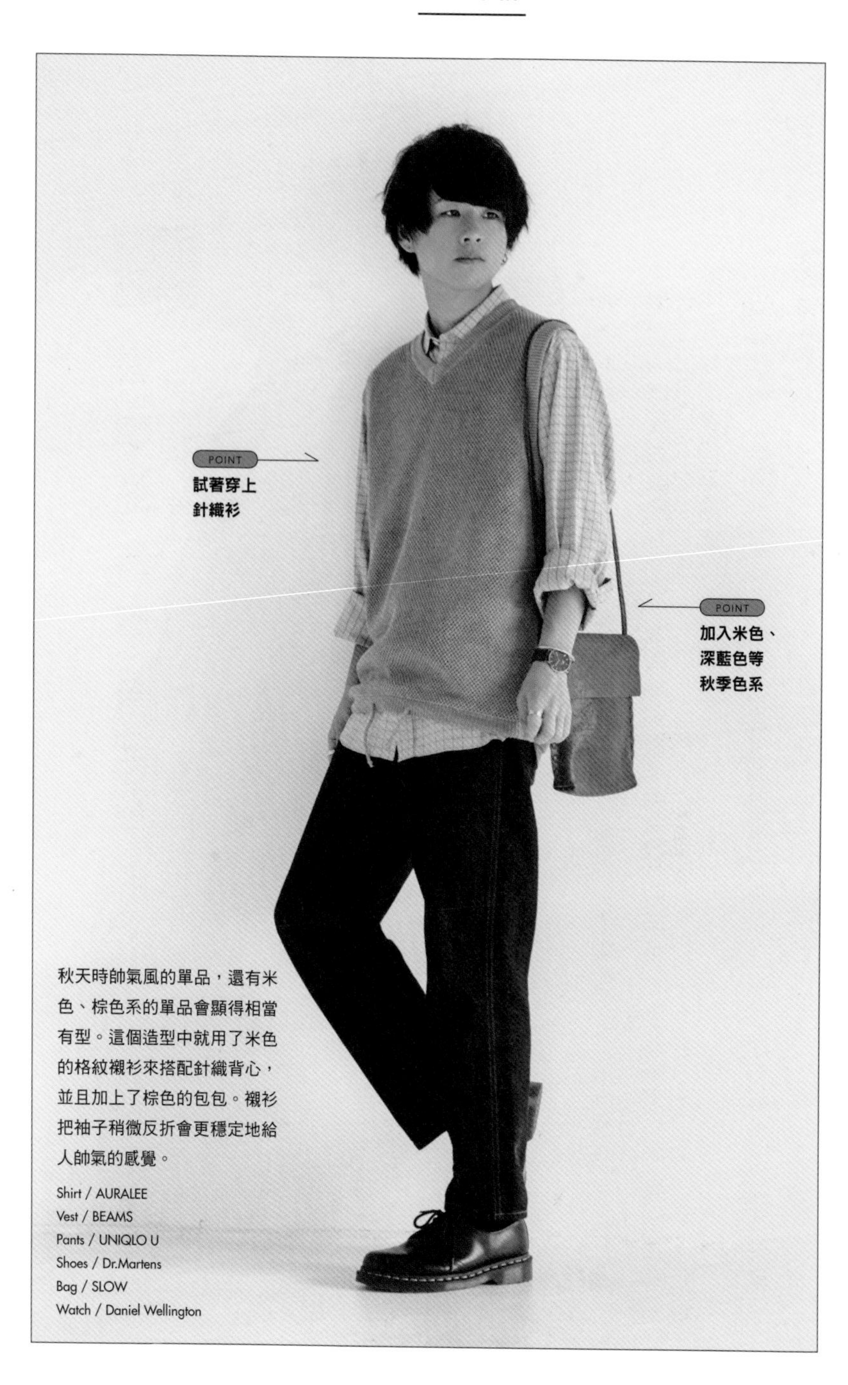

秋天時帥氣風的單品，還有米色、棕色系的單品會顯得相當有型。這個造型中就用了米色的格紋襯衫來搭配針織背心，並且加上了棕色的包包。襯衫把袖子稍微反折會更穩定地給人帥氣的感覺。

Shirt / AURALEE
Vest / BEAMS
Pants / UNIQLO U
Shoes / Dr.Martens
Bag / SLOW
Watch / Daniel Wellington

7 秋季應該備有的單品

秋季果然還是要注重顏色！希望大家務必要試著將米色、駝色、棕色等具有秋天季節感的顏色納入造型中。

不過這樣一來，很容易會沒有白色的部分，所以試著在外套裡頭搭配白T恤，或是用休閒鞋的鞋帶或鞋底帶入白色吧。只要某處有些許白色的部分，造型就會顯得更好看。

想要享受套裝造型的話，我也建議選在秋季。上下相同、成套的單品可以輕易地營造出一體感。不過做套裝造型時，要注意別讓套裝看起來像是上班族的西裝！千萬不要搭配具有商務感的尖頭皮鞋。

還有秋天的單品有很多都能直接沿用到冬天，可以連續使用兩季也是選擇時的重點。

Autumn

可在秋季時用來反覆穿搭的單品

外套：單排扣大衣、防風教練外套、MA-1

上衣：西裝外套（套裝）、針織衫（圓領、中高領、高領）、毛絨或刷毛材質的帽T

褲子：黑色窄管褲、錐形褲、牛仔褲

鞋子：皮鞋、休閒鞋

STYLE 33

套裝造型在秋季時會顯得比在其他季節時更加帥氣有型！搭配白色休閒鞋或鞋頭比較圓的皮鞋，就不會給人有如上班族西裝般的印象。另外套裝的褲子不要選窄管，選擇版型較寬的褲款，造型就不會太過偏向帥氣風。

Jacket&Pants / UNIQLO U
T-shirt / UNIQLO
Socks / UNIQLO
Shoes / Dr.Martens
Bag / Hender Scheme

STYLE 34

比起春季，我更推薦在秋季穿針織衫。這是因為接下來就是冬季了，方便持續運用在穿搭上。只要披上大衣就可以直接轉變為冬季的造型。不僅米色和棕色，像這種摩卡色也是很受歡迎的顏色。

Knit / Crepuscule
Pants /LIDNM
Socks / UNIQLO
Shoes / Dr.Martens
Bag / Hender Scheme

STYLE 35

單排扣大衣是能讓造型更具成熟魅力的單品。推薦 20 多歲～40 多歲的人穿。細格紋能讓造型更有秋季感。大衣裡頭搭配棕色上衣，以顏色讓造型變得較為沉穩。細格紋這種圖樣細緻的單品在視覺上會顯得比較成熟。

Coat / ORCIVAL
T-shirt / MONKEY TIME
Pants / MONKEY TIME
Socks /UNIQLO
Shoes / Dr.Martens
Necklace / Studious

STYLE **36**

利用衣服的材質來表現出秋季感的造型。刷毛或毛絨材質且色調沉穩的短版外套會讓人聯想到冬天，在還不需要穿到長版大衣的晚秋到初冬時期非常好用。

Jacket / AURALEE
Knit / AURALEE
Pants / LIDNM
Socks / UNIQLO
Shoes / Dr.Martens
Accessory / LIDNM（腰）

⑧ 冬季穿搭的基本

冬季造型很受外套的影響。在騎士外套外頭再搭配一件徹斯特大衣，只有冬季才能採用這種外套疊加外套的穿搭法。穿搭的範圍會變得更廣，也更暖和。而且進入店家時也可以只脫掉外面的外套，繼續穿著裡面的外套，所以我很推薦這種穿法。

在整體造型上希望大家注意的有以下四點：

①將顏色控制在三色以內
②將深藍色與駝色（米色）納入造型中
③造型中只能有一件有花樣的單品
④可以搭配圍巾或脖圍

以秋季造型的延長搭配這四點，使用的單品數量變多的冬季造型也沒什麼好怕的！

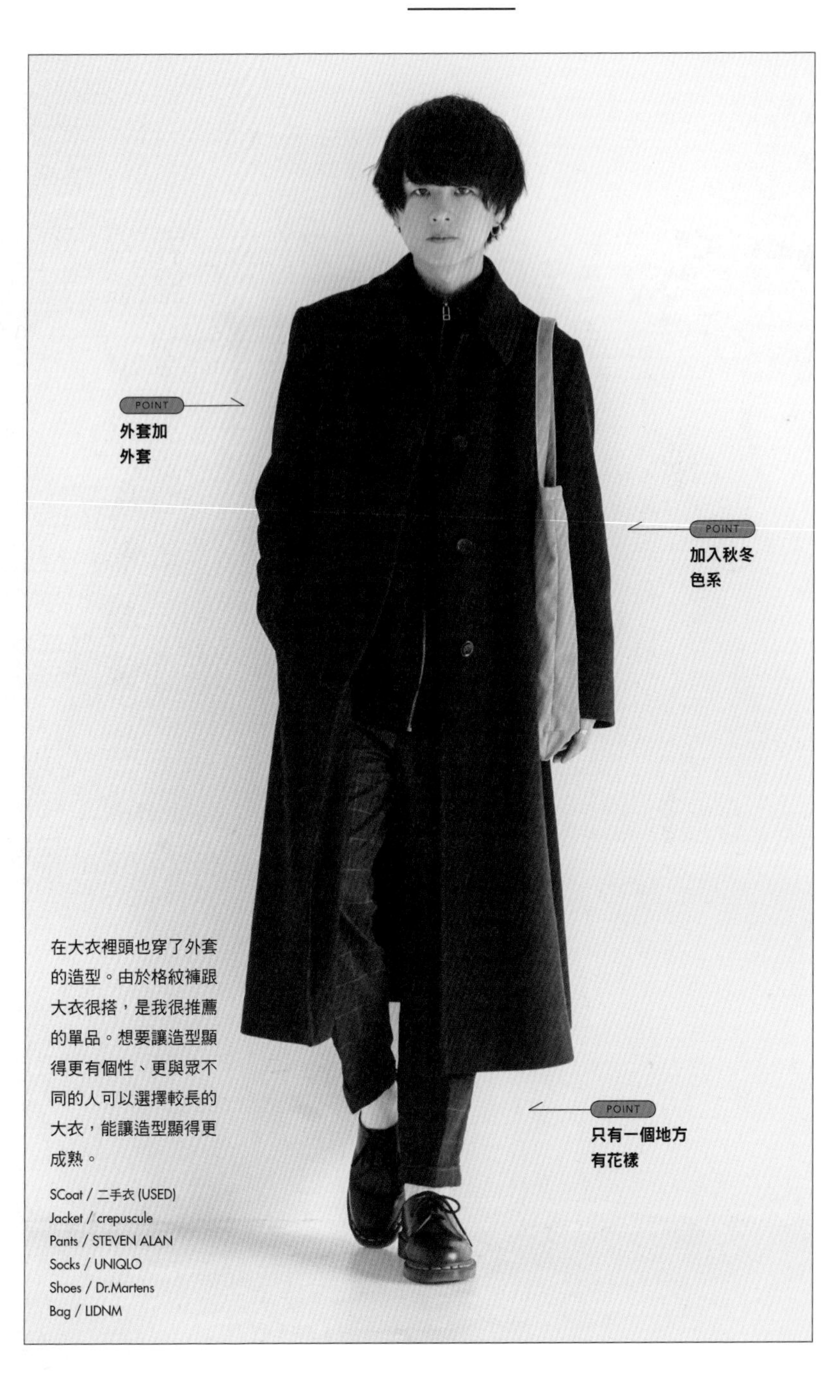

在大衣裡頭也穿了外套的造型。由於格紋褲跟大衣很搭，是我很推薦的單品。想要讓造型顯得更有個性、更與眾不同的人可以選擇較長的大衣，能讓造型顯得更成熟。

SCoat / 二手衣 (USED)
Jacket / crepuscule
Pants / STEVEN ALAN
Socks / UNIQLO
Shoes / Dr.Martens
Bag / LIDNM

冬季應該備有的單品

首先，我最推薦的外套就是徹斯特大衣。因為和流行無關，可以穿上好幾年，所以CP值非常高。

冬季時選擇深藍色的牛仔褲會顯得更為時尚。皮鞋不管和什麼大衣都很搭，總之穿皮鞋準沒錯。

而希望大家在冬季時特別留意的部分是脖子。圍巾能夠有效地令異性留下好印象。不管在戀愛漫畫還是連續劇裡，帥氣的男主角在冬季時總是會圍圍巾呢。這也讓女性有了圍巾＝帥氣的印象。雖然我前面說有花樣的單品僅限於一處，不過以圍巾來帶入花樣可以更好地統合整體造型。除了圍巾之外，在針織衫裡頭搭配高領的白色上衣也能成為造型的亮點，使造型顯得更時尚。

Winter

可在冬季時用來反覆穿搭的單品

外套：徹斯特大衣、單排扣大衣
上衣：針織衫（圓領、中高領、高領）、高領上衣、帽T、內搭羽絨衣
褲子：黑色窄管褲、牛仔褲
鞋子：皮鞋
配件：圍巾、素面長襪

STYLE 37

不是薄的 MA-1，而是裡頭有鋪棉的 MA-1 外套，裡頭再配上布料較厚的帽 T，是非常暖和的造型。雖然不像圍巾那麼有效，但帽 T 也能擋住來自左右的風。同時用 Reebok 的 Pump Fury 鞋款來帶入街頭風。

MA-1 / GU
Hoodie / GU
Tank top / LIDNM
Pants / LIDNM
Shoes / Reebok
Bag / LIDNM
Accessory / zZz（腰）

STYLE 38

圍巾、大學T、外套，在材質上非常有冬天季節感的造型。用短版的外套搭配中長度的針織衫以及長版的坦克背心，做出三層的多層次穿搭。黑色外套可以藉由裡面搭配的衣服顏色來讓造型產生變化，非常適合用來反覆穿搭。

Jacket / AURALEE
Sweatshirt / YOKE
Tank top / LIDNM
Pants / LIDNM
Socks / UNIQLO
Shoes / Dr.Martens
Scarf / BEAUTY&YOUTH UNITED ARROWS

STYLE 39

只是在秋季造型（P 111）外面再加上一件大衣的簡單造型。疊穿會給人很注重時尚穿搭的印象。在搭配窄管褲也很適合的情況下改搭錐形褲，可以讓造型顯得更有個性。

Coat / AURALEE
Shirt / AURALEE
Vest / BEAMS
Pants / UNIQLO U
Socks / UNIQLO
Shoes / Hender Scheme

STYLE 40

將秋季也能穿的薄大衣用外套加外套的穿法穿在騎士外套外面。藉著疊穿針織衫、騎士外套、大衣，打造出冬天穿也很暖和的造型。搭配窄管褲營造出的V字輪廓會讓造型顯得非常帥氣有型。

Coat / ORCIVAL
Jacket / LIDNM
Tops / Steven Alan
Tank top / LIDNM
Pants / LIDNM
Socks / UNIQLO
Shoes / Dr.Martens

CHAPTER 5

color

能夠讓人顯得帥氣的顏色是固定的

1

造型要控制在三色內

我在穿搭時很重視的其中一點就是配色。

我的原則是「造型要控制在三色內」。也就是不用四種以上的顏色。

那麼關於要選哪三色，最簡單的方法是黑和白再加上一種顏色。以無彩色系搭配一種顏色。

我特別推薦的是「白、黑、藍」的組合。只要用這三個顏色來搭配就不會出錯。

要使用四種以上的顏色也不是不行，只是會比較難得到大眾的認同，被人認為穿得很俗氣的可能性會提昇。

此外我推薦控制在三色內的理由之一是這可以成為自己心中的判斷基準。像是在剛穿上新買的衣服時，應該會出現「這個造型沒問題嗎？」的想法吧。不過沒人知道時尚穿搭的正確答案。像這種時候，就可以自己做出因為顏色在三色以內，所以基本上應該沒問題的判斷。

至於是不是絕對只能用到三種顏色，這充其量只是一個判斷基準而已。在我心中，**可以用到四種顏色的，只有造型中用到了灰色的時候，或是用了非常深的藍色和淺藍色的時候**。像是黑、白、灰、卡其色，或是深藍色、淺藍色、黑、白這一類的組合。

包含黑白以外的配色狀況在內，這個章節中將為各位介紹配色的方法。

只要控制在三色以內
就能順利完成造型。

2 色彩的黃金法則

「白、黑、藍」以及其他顏色

剛剛我有提到，只要用白色和黑色配上另外一個顏色，大多數的造型都會變得帥氣有型。而我認為在這之中最強的組合，就是「白、黑、藍（深藍）」！這三個顏色在視覺上屬於帥氣風且具有乾淨清爽感，就算用了比較多休閒風的單品，也能順利地統合整體造型。

利用褲子帶入黑或藍（深藍）色看起來就會很帥氣有型。

而要說其他需要留意的顏色，首先就是大地色系。像是米色、棕色或軍綠色等會出現在大自然中，柔和好搭配的顏色。

在這些好搭配的顏色之外，再善加利用顏色鮮豔或是有花樣的單品來做搭配，就能成為會被人稱讚的穿搭達人了！

白色

黑色

深藍色

大地色系

有花樣

鮮豔的顏色

3

色彩的黃金法則1「白色」

首先要說的是如何將最強的顏色之一，白色納入造型中的方法。雖然這是我個人的看法，不過我認為白色要用在上衣，而不是褲子上。

老實說，我覺得白色褲子是比較難讓人感到時尚的單品。我推薦黑色或藍色的褲子，是因為這樣能讓腿看起來較長。由於白色在視覺效果上屬於膨脹色，黑色等深色才具有收斂效果，容易顯得纖細修長。我在搭配時很重視造型能否修飾身材比例，所以白色我會用在上衣，而非褲子。

除了上衣以外，要在造型加入白色的話，我建議可利用坦克背心做多層次穿搭露出一些，或是利用襪子、手錶的錶面、白色休閒鞋或鞋帶、鞋底來帶入。

以白色為主的「白黑藍」造型

用絕對不會出錯的「白黑藍」打造出的造型。在白黑藍三色中，白T恤配上白襯衫這樣以白色為主體的造型最能給人清爽的印象。把襯衫的袖子反折也能穿出乾淨俐落的感覺。

T-shirt / United Athle
Shirt / COMULI
Pants / ZOZO
Shoes / KLEMAN
Bag / LIDNM
Bangle / Hermès
Watch / LOBOR

4

色彩的黃金法則2「黑色」

另一個最強的顏色是黑色。由於黑色的單品很常見，我想手邊有黑色衣服的人應該很多吧。

以我強烈推薦一定要有的黑色窄管褲為首，黑色錐形褲、騎士外套、皮鞋等黑色的單品不管和什麼都很搭，真的很適合反覆用在穿搭上。

以黑色單品為主體來做穿搭時有件事需要特別注意，那就是黑色佔的面積較大時，要在某些地方加上白色，帶出清爽俐落的感覺。我也很推薦利用襪子稍微露出一些白色的穿法。

此外有「成熟的氣息」或「乾淨清爽感」比較容易給人時尚感。而「黑色」在這方面的運用上也十分活躍。

以黑色為主體，搭配點綴色的造型

CHECK
用裡面的針織衫
帶入明亮的顏色

用黑色大衣搭配黑色窄管褲，黑色佔的面積就會很大，給人一片黑的印象。所以這時要把褲管折起一些，露出白色的襪子。並且搭配高領的米色襯衫，讓人可以窺見上衣的顏色。

Coat / YAECA
Jacket / UNIQLO U
Knit / AURALEE
Pants / LIDNM
Socks / UNIQLO
Shoes / Dr.Martens
Bag / LIDNM

CHECK
用襪子
帶入白色

5 色彩的黃金法則3「藍(深藍)色」

藍(深藍)色也是很受歡迎的顏色。建議利用牛仔褲或牛仔外套將藍色納入造型中。

而外套我首先會推薦的顏色也是深藍色。因為有很多人應該有黑色的騎士外套或MA-1這些外套了。一方面是黑色的褲子搭配黑色的外套會讓造型顯得沉重,一方面也是深藍色和黑色很搭,可以輕鬆地統整造型。

此外以色彩搭配來說,只要搭配最強的白色、黑色、藍(深藍)色就絕對不會出錯,不過深藍色搭配大地色系也不會有問題。還請試著搭配米色或卡其色看看。

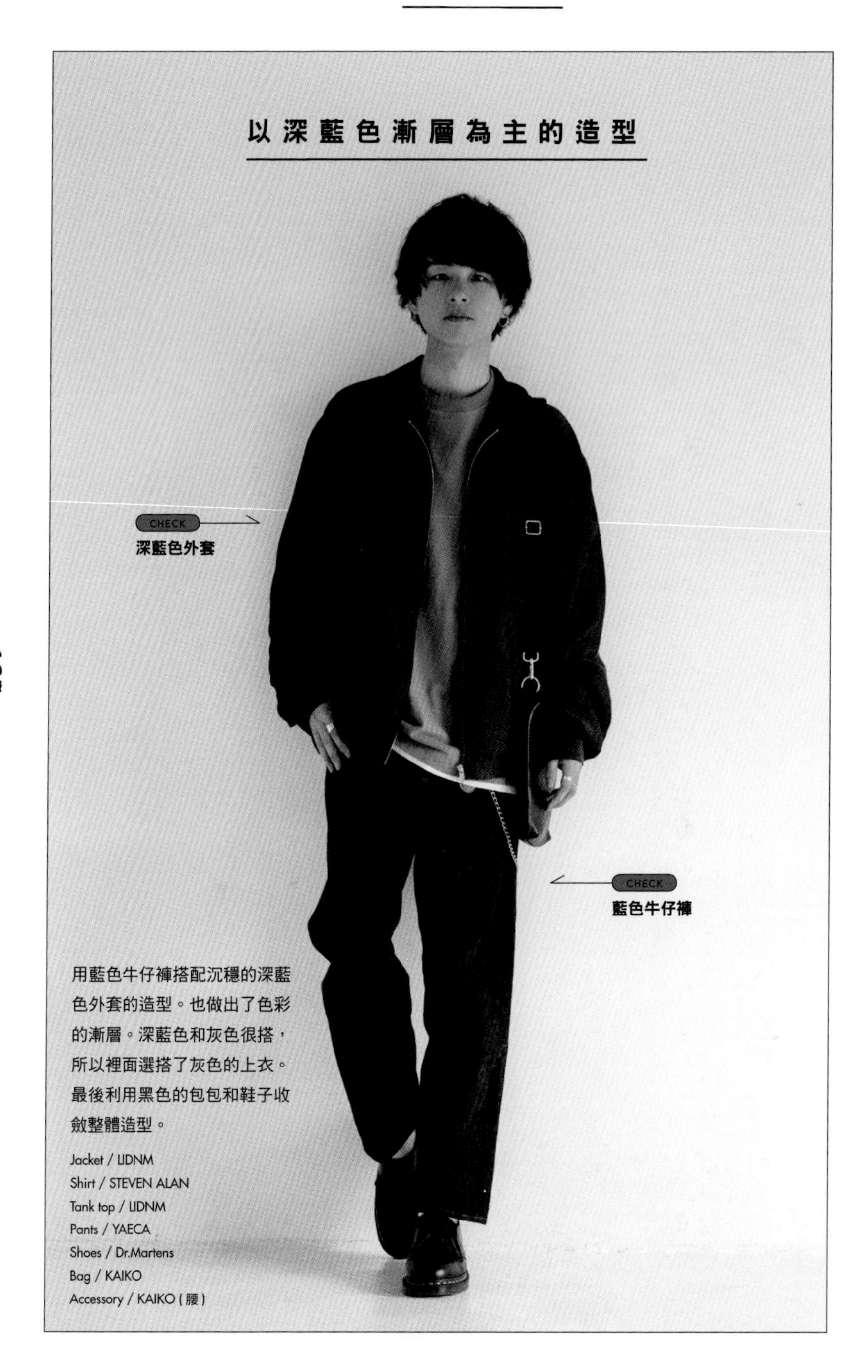

用藍色牛仔褲搭配沉穩的深藍色外套的造型。也做出了色彩的漸層。深藍色和灰色很搭，所以裡面選搭了灰色的上衣。最後利用黑色的包包和鞋子收斂整體造型。

Jacket / LIDNM
Shirt / STEVEN ALAN
Tank top / LIDNM
Pants / YAECA
Shoes / Dr.Martens
Bag / KAIKO
Accessory / KAIKO（腰）

6 以兩色打造帥氣的造型

要將用黑白構成的無彩色造型穿出帥氣有型感覺的訣竅就是「注意造型輪廓」。

黑色和白色原本就是比較帥氣的顏色。所以要是上衣和褲子都選擇比較帥氣的版型，也就是合身的單品的話，就會顯得太過正式、拘謹，給人死板無趣的印象。

「上下其中一邊，或是兩邊都選用比較寬鬆的版型」，這就是穿搭時的訣竅。在搭配時最好注意要選擇尺寸較大的上衣，或是搭配寬褲，打造出A字或V字輪廓。而將其中一方換為比較寬鬆的單品也能讓造型變得更協調。

以此為基礎，夏天時可以再搭配具有個性的單品，或是用配件玩出一些變化。而且無彩色系造型完全不用煩惱該配什麼顏色的包包！

無彩色系造型

重視無彩色系造型的穿搭訣竅，也就是注意輪廓這一點，上下半身都選用了寬鬆單品的造型。外套和褲子都選擇了黑色單品的情況下，就用裡頭搭配的上衣和休閒鞋的鞋底等處來露出白色吧。

Jacket / LIDNM
T-shirt / UNIQLO
Pants / monkey time
Shoes / CONVERSE
Accessory / Hender Scheme (腰)

7 三色穿搭的基本

在無彩色系外再加上一種顏色的簡單配色法。

雖然這麼說，在不知道該追加什麼顏色的時候，可以試著採用以下的組合：

- ●黑、白、深藍（藍）
- ●黑、白、米色
- ●黑、白、紅
- ●黑、白、卡其

利用上衣或外套來帶入黑白以外的一種顏色也不錯，但利用襪子帶入色彩也很時尚。特別是需要一點勇氣才能大面積的穿上的顏色，還請務必試著用襪子來帶入造型中。

無彩色系加上藍色的造型。用牛仔外套加上了藍色。不知道怎麼穿的時候就先試著做「白黑藍」的組合吧。雖然穿黑色窄管褲也很搭，但用錐形褲更能展現出個人特色。

Jacket / UNIQLO × JWA
T-shirt / UNIQLO
Pants / LIDNM
Socks /UNIQLO
Shoes / VANS
Necklace / VIntage

在無彩色系中加入紅色的造型。用襪子帶入了紅色。像這種比藍色難加入造型中，非常鮮豔明亮的顏色，我建議用無彩色系統合整體造型後，再用襪子來將色彩帶入造型中。

T-shirt / WILLY CHAVARRIA
Tank top / LIDNM
Pants / LIDNM
Socks / UNIQLO
Shoes / Reebok
Watch / Daniel Wellington
Necklace / Studious

8 注意藍色和駝色

雖然以看起來時尚的顏色來說，我一直推薦白色和黑色，但除此之外也很好搭配的就是大地色系。

因為是土地或森林等大自然中會有的顏色，很溫和好搭配。駝色、米色、深藍色、藍色、棕色、卡其色就屬於這一類。

深藍色也很適合春季，不過駝色和米色是特別適合秋季的顏色。光是將這兩個顏色加入造型中，就能營造出秋天的氣息。由於顏色也能帶出季節感，請務必配合各個時節來加入不同的顏色。

大地色系和白色、黑色當然很搭，但大地色系彼此之間也很好搭，不妨試著做各式各樣的搭配組合。深藍色和駝色的組合也能穿出很好的一體感。

以大地色系搭配組合的造型

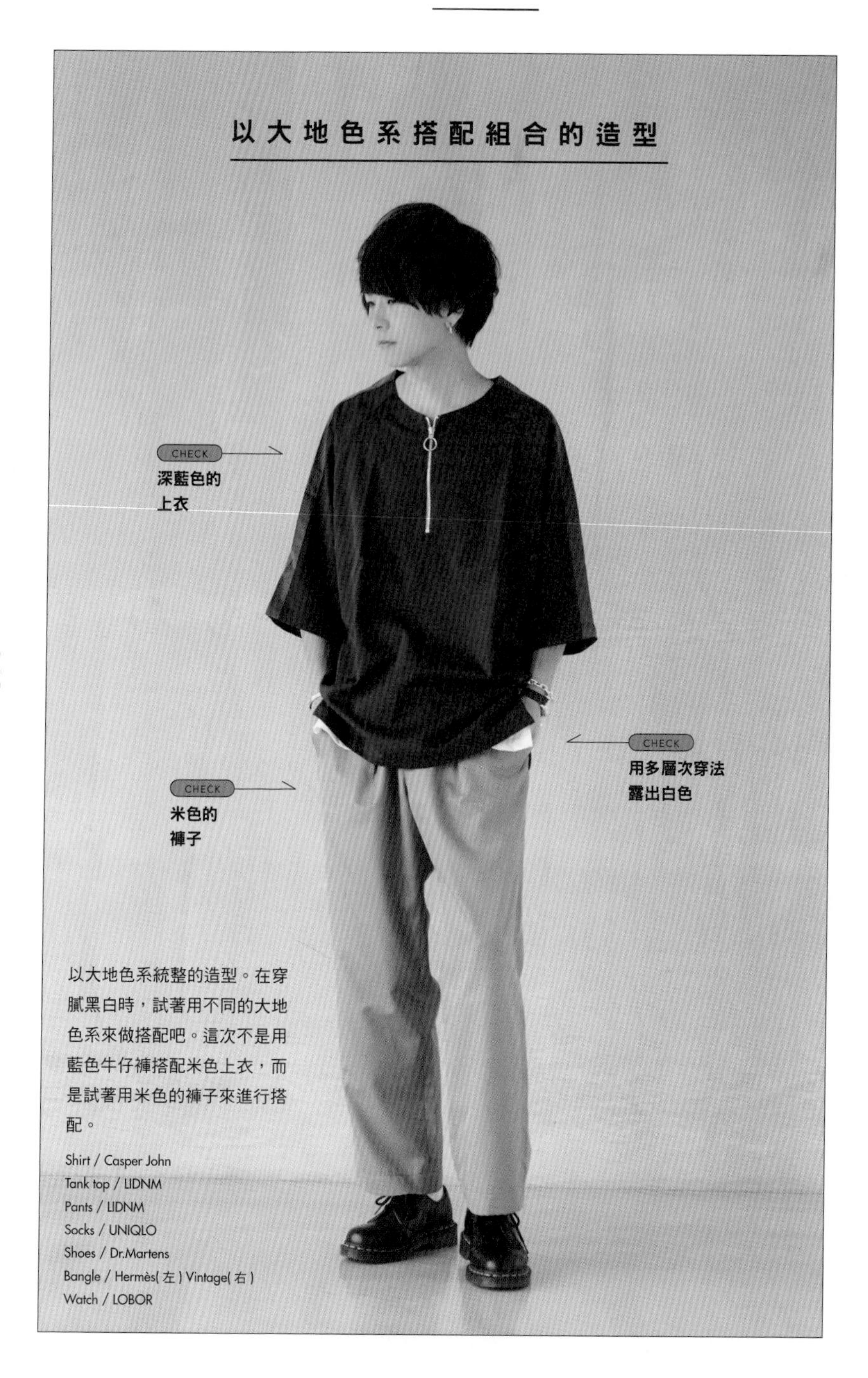

以大地色系統整的造型。在穿膩黑白時，試著用不同的大地色系來做搭配吧。這次不是用藍色牛仔褲搭配米色上衣，而是試著用米色的褲子來進行搭配。

Shirt / Casper John
Tank top / LIDNM
Pants / LIDNM
Socks / UNIQLO
Shoes / Dr.Martens
Bangle / Hermès(左) Vintage(右)
Watch / LOBOR

有花樣的單品控制在一個部位

將有花樣的單品也算在三色以內，是以有花樣的單品來做穿搭時的重點。要是混了很多顏色，花樣可能無法順利的和其他單品搭配起來，反而有可能會變得很俗氣。

再來就是有花樣的單品要控制在一個部位。也就是不要用有花樣的單品搭配有花樣的單品。

要是不知道該怎麼將有花樣的單品加入造型中，就先從襯衫或圍巾等配件開始吧。

像格紋或直條紋這種常見的花樣，或是仿照動植物的圖案，因為有很多不同的花樣，請試著找出自己喜歡的花樣吧。

此外每年也會有當下流行的花樣，還請務必研究看看。

加入有花樣的單品的造型

CHECK
只有一個單品有花樣

CHECK
除了花樣以外盡量不要有其他顏色

要用個性強烈，有花樣的外套做搭配時，其他單品的色調和版型要盡量低調或是簡約。因為控制在三色以內，造型就不會亂成一團，能夠打造出協調的平衡感。

Jacket / URU
T-shirt / UNIQLO
Pants / ZOZO
Socks / UNIQLO
Shoes / Needles by Troentorp
Accessory / zZz（腰）
Necklace / Maison Margiela

10

將鮮豔的顏色納入造型中的方法

無彩色系真的很好搭又方便，可是我想大家還是多少會有「想加入更多顏色！」的念頭吧。

顏色和花樣一樣，我比較推薦用上衣或配件來帶入造型中。

此外想要在造型中加入鮮豔的顏色，但還是有些緊張的情況下，一開始可以採用將穿在外套裡的針織衫或帽T改成顏色亮麗的單品這種方法，會比較容易。像是在開始有春天的感覺時，在薄外套裡搭配黃色的針織衫，藉此稍微帶出季節感。

使用色彩明亮的單品時，順利完成造型的訣竅就是其他部分要盡量選擇帥氣且簡約的單品。

加入了明亮顏色的造型

CHECK
用穿在
外套裡的單品
帶入顏色

CHECK
除了亮色單品外
盡量選用簡約的單品

要穿色彩鮮豔亮麗的帽T時，其他部分盡量選擇造型簡約、顏色沉穩的單品來搭配。因為這次用的是亮藍色的帽T，便選用深藍色的外套和褲子來做出單一色調的造型。

Jacket / UNIQLO
Hoodie / Underfeated
Pants / ZOZOTOWN
Shoes / Hender Scheme
Accessory / zZz（腰）

CHAPTER 6

accessory

用配件來展現出
連細節都有注意到的感覺

1 利用配件來改變形象

能讓人覺得時尚的重點之一，就是「看起來連小細節都很用心」這點，我在前面也有提到過了。

而關於讓人產生「這個人連造型的小細節都沒有偷懶呢」的方法，我會舉出的例子就是「注重配件」。

要準備很多配件或許很辛苦，不過只要多準備幾款以下的配件：

- 包包
- 手錶
- 手環
- 飾品（戒指、耳環、項鍊、鑰匙鏈等）

●坦克背心

就能讓自己顯得很時尚。

除此之外要是備有配合季節的：

●涼鞋

●圍巾、脖圍

這些配件的話，穿搭造型的變化幅度也會變得更廣。

這個章節中將為各位介紹可以改變印象的配件。

因為比起衣服，便宜的配件比較多，還請大家試著多蒐集一些吧！

在配件上也毫不偷懶

是讓造型顯得時尚的重點。

2

備有背包以外的包包

我認為假日外出時帶比較小的包包就可以了。大家應該都有背包吧，雖然不是說假日背背包出門就很俗，但很難顯得時尚。有一個背包確實很方便，但是帽T搭上背包就會給人一種「你是要去健行嗎？」的感覺，總是背同一個背包，也會人覺得「你是不是不注重穿搭啊？」的可能性。所以出去玩的時候請務必試著帶背包以外的包包出去。信封包、托特包或是腰包等等。

方便搭配各種造型的顏色果然還是黑色，再來就是大地色系。想要為造型增色的話，橘色的包包意外地好搭。根據時期不同，也會有當下流行的包款，不妨試著將流行包款納入造型中吧。

休閒風
MYne
F/CE.

帥氣風

2 手部意外地很常被看見

我經常提到「脖子」、「手腕」、「腳踝」這三個地方的重要性，只要注意這三個地方，就能成為一個注重細節的人！

特別是夏天，絕對不能放著手腕不管！

手腕就靠手錶和手環。

帥氣風的手錶能夠有效地調和容易顯得太過休閒的夏季造型。我認為錶面是白色圓形，錶帶是皮錶帶的手錶最好搭配。錶面是白色的手錶在想為造型增添一些白色時也是非常重要的幫手。

所謂休閒風的手錶較大且存在感比較強烈的款式。不過這種手錶的休閒感很強，很難搭配帥氣風的造型，不太適合用來調和。

手環的話，銀色的手環不管和什麼造型都很搭。

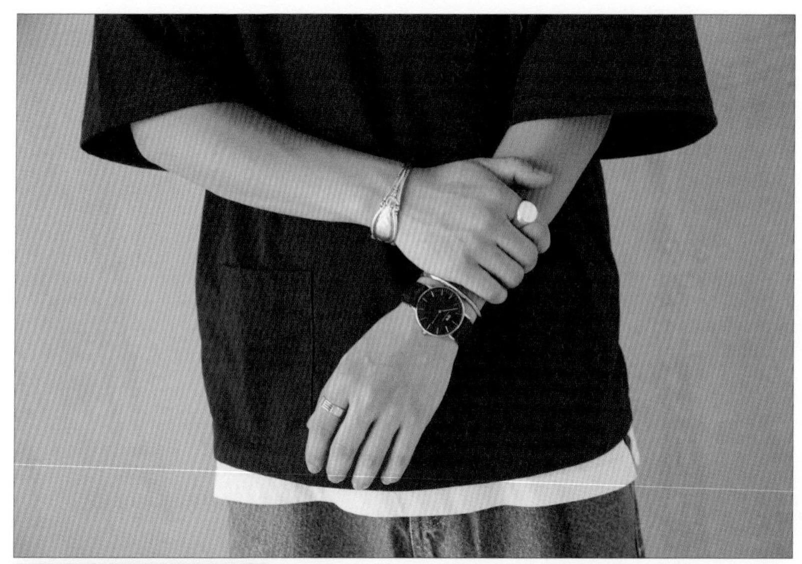

1～5 / Daniel Wellington, 6～8 / LOBOR, 9 / PAUL HEWITT, 10 / G-SHOCK, 11 / Vintage, 12 / LIDNM, 13～14 / Daniel Wellington, 15 / TOGA, 16 / GUCCI, 17 / HERMÈS

手錶・帥氣風

手錶・休閒風

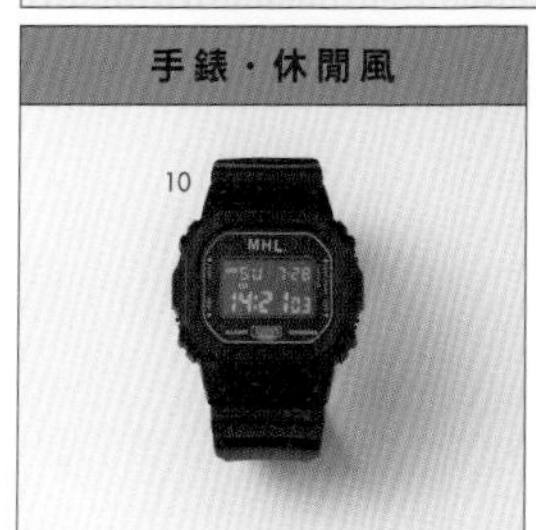

手環

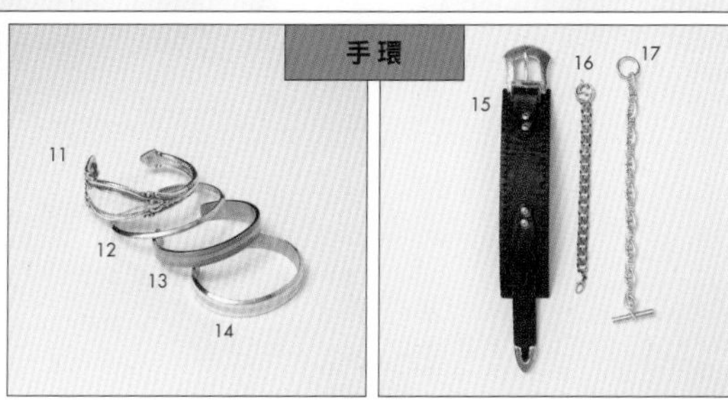

4 利用腰際吸引人的視線

我想要大聲強調腰際的重要性！

請試著用皮帶和鑰匙鏈。

我雖然很喜歡沒有皮帶也能穿的褲子，但是在把T恤紮進去的時候搭配一下皮帶吧。基本上寬版的皮帶會給人上班族的感覺，所以我會選用窄版的細皮帶。把衣服紮進去也能改變造型的輪廓。

此外在褲子上加上鑰匙鏈之類的裝飾鏈條，也能成為造型的亮點，使造型看起來更時尚。這也非常簡單，請各位務必試試看。多準備幾種裝飾鏈條，就能做出許多不同的變化。

另外我也很推薦搭配長版的坦克背心做多層次穿搭。

1 / zZz, 2 / KAIKO, 3 / master piece, 4,8,11 / LIDNM, 5 / zZz, 6~7 / Hender Scheme, 9 / Dulcamara, 10 / monitaly, 12 / GUCCI, 13~14 / UNIQLO

5 多層次穿搭的魔法

坦克背心真的是必備的單品！大家對坦克背心的印象可能都是用來搭在開襟襯衫裡，不過我希望大家務必一試的，是把坦克背心當作內搭，做多層次的穿搭。

比方說把坦克背心穿在針織衫或帽T、T恤裡頭，讓坦克背心的下襬從這些上衣的底下稍微露出來。穿白色的坦克背心，就能在上下半身間稍微帶入一些白色，給人「這個人連小細節都很用心打扮耶」的印象！

坦克背心的下襬有「平口」和「圓弧」兩種款式。配合當下的穿搭造型選擇適合的款式吧。

ITEM 01

坦 克 背 心

平 口 款

下襬做平口剪裁的坦克背心比較好搭上衣。不知道該選哪種的時候 我一律建議選平口款。

LIDNM

ITEM 02

坦 克 背 心

圓 弧 款

圓弧款可以搭配的上衣種類比平口款受限，但相對的，只要能夠善加利用就會顯得十分帥氣有型。

RAGEBLUE

6

夏季才能享受的涼鞋

涼鞋有很多款式，其中我特別推薦的是：

①有氣墊的涼鞋
②運動涼鞋
③淋浴涼鞋

穿起來最好走又不會累的是運動涼鞋。要說最好穿搭的果然還是黑色，不過涼鞋有很多不同的款式造型，所以選擇自己喜歡的款式吧。

只有夏天才能享受涼鞋的造型！因為夏天穿的衣服少，身上的單品數量會比冬天少很多。所以我認為用涼鞋為造型玩出一些變化也不錯。實際上在酷暑時，穿鞋子也是很熱。不如乾脆地盡情享受涼鞋吧。

ITEM 01

淋浴涼鞋

ITEM 02

有氣墊的涼鞋

ITEM 03

運動涼鞋

7

圍巾是最能提昇女性好感的冬季配件

少女漫畫和愛情連續劇為女性灌輸了「帥氣的男性＝冬天會圍圍巾」的印象。冬天靠圍巾就能變得時尚！

冬天可以用圍巾為造型增添花樣。做無彩色系或白、黑、藍的造型時不太挑圍巾的顏色，不過要是上衣或褲子已經有其他顏色了，還搭配酒紅色之類的圍巾，就會讓造型變得有些畫蛇添足。

圍巾的圍法有很多種，我在YouTube上有做簡單明瞭的解說，不過我特別推薦以下兩種。

讓下襬垂在前面，或是讓下襬垂在後面。

選擇適合當天造型的圍法吧。

1 / GU, 2 / BEAMS, 4 / BEAUTY&YOUTH UNITED ARROWS, 5 / BEAMS, 6 / GU

PATTERN 01

下襬
垂在前面

PATTERN 02

下襬
垂在後面

圍法請參考這裡
※此為日文網頁

COLUMN 3

如何穿出乾淨清爽感

要讓人覺得時尚的重點之一是給人「連細節都很注重」的感覺。只要注意細節，就能展現出「乾淨清爽感」。只要具有乾淨清爽感，造型看起來也會更為帥氣有型！

襯衫不要有皺褶、折起襯衫或外套的袖子、把褲管下襬反折起來等等，對細節多下一點功夫，就能帶出乾淨清爽感，讓人覺得你很時尚，所以希望大家務必注意這幾點。

我想在這邊提一下關於褲管長度的事。

①修改成理想的長度

②無法修改時就反折起來

希望大家能夠注意這兩點。

黑色窄管褲將褲管長度修改到剛剛好的程度，腳邊看起來會比較清爽，和皮鞋及襪子之間的對比也會比較明顯。

不能修改褲管時，就試著把褲管下襬反折成剛好的長度。

折的時候寬度最好盡量細一點，控制在1～2㎝。以可以露出腳踝為基準。

因為蹲著反折的時候褲子會有些往上縮，站起來之後最好先拉一下褲子確認長度。

CHAPTER 7

originality

利用「微個性」來增添個人特色，更進一步地享受時尚

1

避免和別人一樣的「微個性」穿搭法

雖然我推薦的時尚穿搭造型簡約又重視協調，但這種時尚穿搭造型在世界上正大量地增加中。

簡單來說就是大家都開始做差不多的打扮了。

或許有人喜歡非常有個性的時尚造型，但也有不覺得那樣帥氣有型的人在，不是會被九成以上的人認為是時尚的造型。

但也不想和大家一樣。

那麼該怎麼辦呢？

關於這一點，我提倡的是「微個性」穿搭法。

稍微展現出一點個性，簡稱「微個性」。

我的心願是讓更多的人變得時尚。所以要是太有個性，會讓印象偏向特定的方向，減少被人稱讚時尚的機會。

為了避免這一點，雖然穿搭的基礎還是建立在協調理論上，但是可以試著：

- 利用襪子加入顏色或花樣
- 注重褲子的版型
- 選擇有特殊設計的單品

將這幾個能稍微帶出個人特色的方法納入穿搭造型中。

問起女性喜歡的男性穿搭造型，大多數的女性都會回答「簡約的造型」。在不讓他人對自己的印象產生偏差的同時，試著維持簡約的造型，但在一些小地方上做出差異性吧。

在這個章節中我將舉例說明如何做出「微個性」的穿搭。

藉著稍微展現出個性
來讓自己顯得與眾不同。

2 選擇有點不同的單品

首先從容易採用的「微個性」來開始說明。

試著挑選乍看之下是大家經常穿的單品，仔細一看卻有點不同，設計上具有巧思的單品。

例如：

①領子是劍領設計的單品

②口袋的位置很獨特的單品

像左頁的照片，徹斯特大衣的領子尾端是尖的，成了劍領型的領子。常見的領子領片分開處大多比較寬，不太會是劍領。除此之外還有以為是常見的牛仔外套，口袋的位置和數量卻不對稱等等，請試著用這種仔細一看和其他人不同的單品來做出「微個性」的穿搭吧。

PATTERN 01

領子是劍領

PATTERN 02

在T恤接近下襬處

有口袋

PATTERN 03

口袋的位置

左右不對稱

01 → p62, 02 → T-shirt / monkey time, Pants / WILLY CHAVARRIA, Shoes / Dr.Martens, Necklace / LIDNM, 03 → p17

3 加入比較具有特色的單品

接下來是**加入略有特色的單品**，為造型增添一些亮點，藉此展現出「微個性」的穿搭法。

例如：

①加入略帶亮點的單品

②用襪子增添顏色

③加上耳環或項鍊等飾品

左邊照片中，大衣裡面穿的針織衫是防風針織上衣，拉鍊部分具有特色，能夠稍微帶出差異感。穿上醒目的襪子，利用穿戴飾品來和其他的人做出區別，也能展現出「微個性」。

1→p119, 2→p143, 3→p141, 4,6→都是UNIQLO, 5→Pants:adidas

4 以顏色、花樣或是尺寸來做出些許差異

將帽Ｔ或錐形褲這種基本款單品換成色彩鮮豔，或是顏色亮眼的圖案的單品也是「微個性」的一環。

我特別推薦採用的顏色是「橘色」和「紫色」。大家或許會認為這兩個顏色很醒目，但是這兩色很容易和其他單品產生一體感，是很好搭配的顏色。

再來就是單品的尺寸感。

就算不是原本就做寬版設計的單品，也可以試著選購比平常的尺寸更寬大一些的尺寸。

以ＵＮＩＱＬＯ的Ｔ恤來說，可以選擇３ＸＬ、４ＸＬ這種比平常穿的尺寸大上３〜４個尺碼的單品。

PATTERN 01

選擇亮色系的基礎單品

選搭色彩亮麗的大學T。

→ p25

PATTERN 02

選大一點的尺寸

就算是基本的白T恤，

也能因為尺寸展現出不同感覺。

→ p29

PATTERN 03

有亮點的單品

不是素面，

有線條作為亮點的針織衫。

→ p75

5 使用會被人詢問「那是在哪裡買的？」的單品

最後是穿上會引人注目的單品。

請試著穿看看那種令人印象深刻，會讓周遭的人想問「那是哪個品牌的啊？」的單品。

像是左頁的照片那種相當寬大的褲子，或是格紋外套。

因為這些單品會讓人留下印象，很難用來反覆穿搭，不過可以輕易地營造出和平常不一樣的改變，做出「微個性」。

搭配時只要遵守控制在三色以內的基本原則，做出協調的搭配，造型就會顯得好看又有型了！

1→p48,2→p101,3→p100

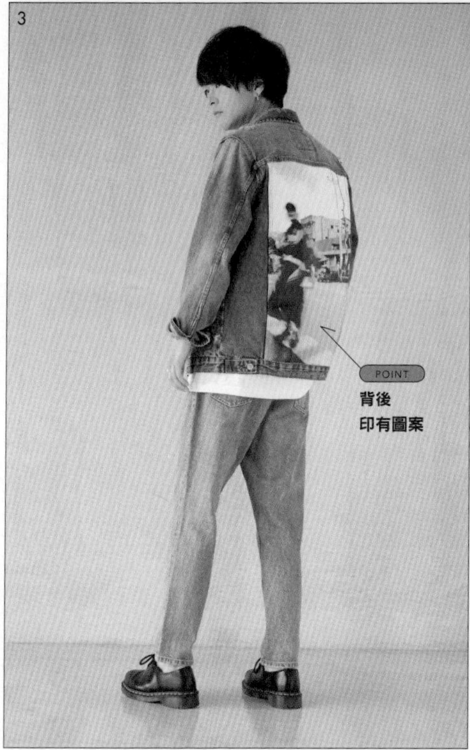

CHAPTER 8

age

以適合自己年齡的衣服來享受穿搭的樂趣

1

穿搭風格會隨著自己的年齡不同而改變

雖然我說要在休閒風和帥氣風之間取得平衡，打造協調的造型，但不代表所有的穿搭造型都要這麼做。可以依照當下的心情或情境來區分，更重要的是隨著年齡不同，時尚穿搭也會產生變化。

我想10多歲的年輕人中應該有比較多喜歡休閒風打扮的人。而休閒風的造型也有因為年輕所以才適合的一面。

而到了30多歲，要是休閒風的單品佔的比例較高，也會給人有種孩子氣的感覺。

再來就是20多歲的人，應該會有比較多希望自己的穿搭造型會受到異性歡迎的場合吧。

穿上女性喜歡的簡約服裝，或是用合身的褲子讓身材比例顯得更好，想藉由時尚穿搭讓自己變得很受歡迎！

本書到目前為止所敘述的時尚穿搭基本法則並沒有改變，但我想在這個章節中，將不同年紀的人可以更進一步地去享受的時尚穿搭訣竅分享給各位。

越年輕的人，多穿點休閒風的衣服也越是不要緊。雖然時尚穿搭也沒有什麼要不要緊的啦。

休閒風與帥氣風的協調比例
若能隨著年紀多少做些改變，就會更時尚。

2 年輕的1字頭就走休閒風

要是10多歲的人做用了比較多帥氣風單品的打扮，大概會給人很勉強的印象，或是被人認為「你在裝什麼大人啊？」吧。所以我覺得多用些休閒風單品也不錯。我推薦的品項是：

- 白色休閒鞋
- 有花樣的圍巾

白色休閒鞋的清爽感，以及格紋這種簡單明瞭的花樣帶出的可愛感，特別適合10多歲的年輕人呢。

此外還在10多歲的話，或許還有尚未長高的人，希望這樣的人能試著穿窄管褲來修飾身材比例！

POINT
在某處加入
有花樣的單品
將格紋圍巾、內裡是橘色的MA-1、白色休閒鞋這些休閒風單品組合起來的造型。adidas的休閒鞋不選擇Stan Smith款式，改選SuperStar款式的話，線條的設計會讓鞋子顯得更有休閒感。
MA-1 / GU
T-shirt / UNIQLO
Pants / LIDNM
Socks / UNIQLO
Shoes / adidas
POINT
帶有玩心的
白色休閒鞋

3 也想注重是否受異性歡迎的2字頭穿搭

跟10多歲相比，更適合開始有些成熟帥氣感的20多歲男性的單品是：

- 騎士外套
- 襯衫

騎士外套能稍微帶出成熟男性的感覺，是非常帥氣有型的單品。請務必試著加入造型中。

騎士外套裡不要搭配T恤或大學T、長袖T，改搭配襯衫的話會顯得更成熟。

因為是有許多談戀愛機會的年紀，穿搭時注重能帶給女性好印象的I字輪廓比較好喔！

POINT
以騎士外套
穿出大人的帥氣感
POINT
用牛仔褲
增添休閒感
因為是整體為黑白藍的造型，看起來很沉穩。休閒風的單品只有牛仔褲，所以大概是帥氣風6：休閒風4左右的造型。I字輪廓讓縱向線條看起來非常清爽俐落 很適合穿去約會。
Jacket / LIDNM
Shirt / STILL BY HAND
Pants / ZOZOTOWN
Socks / UNIQLO
Shoes / Dr.Martens
Accessory / Hender Scheme (腰)

4 3字頭的成熟感

30多歲就變得更適合帥氣風了。也是就算有顏色，還是能把深色調或單一色調的造型穿得更加帥氣有型的年紀。

也可以用穿搭造型來展現出成熟男人穩重與財力。我推薦的單品是：

- 單排扣大衣
- 皮鞋
- 皮質的包包

雖然第一件大衣我建議購買深藍色的徹斯特大衣，但是我覺得若是能給人一種到了30多歲，體驗過各式各樣的時尚穿搭，最後找到了適合自己的米色單排扣大衣的感覺也很時尚！

將 10 或 20 多歲會用休閒鞋來搭配長大衣的造型改搭上寬褲，讓整體的感覺比較寬鬆，醞釀出成熟且游刃有餘的氣氛。用坦克背心作出多層次穿搭，白色能為以棕色為主的單一色調造型增添亮點，給人更時尚的印象。

Coat / AURALEE
Knit / KAIKO
Tank top / UNIQLO
Pants / Steven Alan
Shoes / Paraboot
Bag / LIDNM

COLUMN 4

靠著感覺讓自己變得帥氣

我雖然不是什麼帥哥，但自從了解到時尚穿搭的快樂後，我做了許多努力，試著走出自己的風格。我想傳達給那些對自己有心結，想要改變現在的自己的人的，就是給予自己「我是可以改變的！」這個強烈的衝擊一事有多麼的重要。我做了以下這些事情。

●改變髮型

是指我學會了怎麼抓頭髮。我留長了頭髮，開始在YouTube上看些很會抓頭髮的人上傳的動畫，模仿他們。頭髮短會讓臉的輪廓變得很顯眼，所以我留長了頭髮，買了髮蠟和直髮造型器，一邊看一邊學習。在頭髮留長的狀態下來到東京，請設計師幫我剪頭髮也成了我覺得只要下定決心去做就會改變的契機。

● **買帥氣風的衣服**

像是夾克、襯衫或是大衣等等，我開始會有意識地去穿帥氣風的衣服。

● **臉**

因為我臉肉肉的，所以我試著去查了淋巴按摩的方法。聽到男性說「我很在意淋巴」，大家或許會覺得很訝異吧，但這真的帶給我很大的衝擊！按摩之後隔天早上起來臉真的會不一樣。再來就是修眉毛。我去網路上搜尋了「帥氣的眉形」之類的關鍵字，參考了其他人的眉形和修眉的方式。

只要努力，對自己有自信的話，
就能用積極正面的態度生活。

「無論是誰都能改變。」

我想這是大家常聽到的一句話。而且應該有些人曾經下定決心，以各種不同的形式來「改變自己」吧。

雖然這麼說，但改變需要非常強大的動機、毅力以及行動力。要是沒有伴隨著這三個要素，就會逃避地去找藉口或嫉妒他人，變得無法解決問題。

現在各位要是已經將本書看到最後，看到這篇文章的話，就等於處在手上拿著蓄有超強大魔力的魔杖的情況下。

接下來要怎麼使用這個魔杖，端看各位的決定。可以分享給你的兄弟，也可以告訴你的朋友，若是能作為你往後人生的時尚穿搭核心理念也很好。

時尚穿搭非常的自由。

不用想得太複雜，只要你與看這本書之前的自己相比，有更加地去思考關於你現有的衣服以及你自己的事，就已經前進了一大步。

還請不要停下前進的腳步，要是你能穿上許多衣服，盡情地享受時尚穿搭與人生的話，那真是沒有什麼比這更令我高興的事了。

這樣一來，你一定會自然地對自己更有自信。

然後，即使是毫無關係的事物，你也會變得能夠辦到那些以前你辦不到的事，開始有勇氣去挑戰那些過去放棄的事情。

有很多人認為時尚穿搭很難，不過這也不過就是時尚穿搭而已。我認為真正重要的是在時尚穿搭改變了自己之後，接下來要做什麼。

我往後也會為了讓大家的人生變得更有益而持續發送情報。

要改變自己這件事，無論何時開始都不算早，也無論何時開始都不算太遲。要是本書能夠成為引發這個行動的契機，讓世界上的男性能得到一句「你很會穿搭耶」的讚美，那就再好不過了。

2019年12月 Genji

國家圖書館出版品預行編目資料

好感度男子穿搭 9成人都說喜歡的型男時尚 / Genji 作 ; Demi 譯 . -- 初版 . -- 臺北市 : 臺灣角川股份有限公司 , 2021.03
面 ; 公分
譯自 : 9割の人からお洒落と言われる法則
ISBN 978-986-524-272-5(平裝)

1. 男裝 2. 衣飾 3. 時尚

423.21 110000934

好感度男子穿搭 9成人都說喜歡的型男時尚

原著名＊9割の人からお洒落と言われる法則

作者＊Genji
譯者＊Demi
2021年4月12日 初版第1刷發行

發行人＊岩崎剛人
總編輯＊呂慧君
主編＊李維莉
美術設計＊李曼庭
印務＊李明修（主任）、張加恩（主任）、張凱棋

台灣角川

發行所＊台灣角川股份有限公司
地址＊105台北市光復北路11巷44號5樓
電話＊（02）2747-2433
傳真＊（02）2747-2558
網址＊http://www.kadokawa.com.tw
劃撥帳戶＊台灣角川股份有限公司
劃撥帳號＊19487412
法律顧問＊有澤法律事務所
製版＊鴻友印前數位整合股份有限公司
ISBN＊978-986-524-272-5